舌尖上的美食慰藉·传递幸福的保鲜食品

JAM 自己动手做 纯天然美味果酱

〔韩〕金壽京 著

李花子 译

河南科学技术出版社

·郑州·

CONTENTS 目录

1 用水果制作的果酱

※ ♥ 标记的为用果酱做出来的美味小吃。

2 用特殊材料制作的果酱

3 制作果酱的窍门

序言

果酱：传递幸福甜蜜的治愈系食品

水果和蔬菜直接食用，纯自然又美味，将它们制作成果酱食用，又是另一番独特的风味。果酱是在新鲜的应季材料中添加甜味剂和酸味剂熬制的食品，其香甜的味道和香气可以改善心情，因此果酱归属治愈系食品。在准备好的材料中加入砂糖等甜味剂，再根据需要加入果胶和酸味剂熬制，虽然做法简单，但在制作过程中为了避免焦锅，需要不断地搅动等一系列操作，是需要付出精力和工夫的。如此得来的珍贵的果酱，送给知己或亲朋好友最好不过。

除了在水果和蔬菜中加入40%以上的果胶制成的啫喱状的常见果酱之外，还有柑橘类连皮制作成的橘子酱、保留水果原形态制成的蜜饯等。本书根据材料的特性介绍了果肉果酱、带皮果酱、蜜饯等风格各异的水果果酱制作方法，另外还介绍了利用水果以外的特殊材料制作的各种风味的果酱，并展示了用它们制成的美味小吃。

制作果酱需具备果胶、酸味剂、甜味剂这3个条件。近年来可轻松购得水果中萃取的果胶粉，因此果胶含量较少的水果或蔬菜也可以在添加了果胶粉的条件下制成果酱，果酱的花样和种类会越来越多。甜味剂主要为砂糖。砂糖分不同的种类和品质，本书中使用了常见的白糖和红糖。材料及制作过程中提及的砂糖，不特别指明时，多为白糖。想要做出有利于身体健康的果酱，可在制作过程中减少砂糖的用量，或添加有机砂糖、原糖，蜂蜜也是不错的选择。

本书的配方中，明确标示出主材料、开封前保质期、开封后保质期。

果酱根据最终的含糖量分为低甜度（甜度30%～40%）、中甜度（甜度40%～50%）。配方中显示的砂糖用量大多为果肉重量的40%～50%。事实上由于水果的甜度各不相同，最好在制作果酱之前品尝水果的味道，根据个人喜好调节砂糖用量。

果酱的黏稠度，用木勺舀起果酱时滴落顺畅，或将果酱滴入冷水中时，果酱不会化开为最适当的浓度。

果酱的保质期，会根据果酱瓶的消毒状态和保存环境有所不同。本书中的果酱，由于不含防腐剂、砂糖用量有限，故将开封后的保质期定至最短期限。

使用微波炉的配方，是在输出功率600W的条件下，定制了基本的加热时间。因此，如果家中的微波炉输出功率与本书不符，可根据实际输出功率增减加热时间。

最后部分，记录了果酱材料的挑选方法以及调味秘诀和选用果酱瓶的要领等小窍门。此外还提供了各种彩色食物对人体的健康信息，以及将用心制作的果酱赠送给亲朋好友时，需要的精美包装法等实用小常识，由此提高了本书在生活中的实用度。

1

用水果制作的果酱

草莓、葡萄、桃子、苹果、橙子、樱桃、李子等制成的酸酸甜甜的果酱，涂抹在面包上食用，放在薄脆饼干上制成卡纳佩（Canape），或替代砂糖添加到红茶中饮用，都会散发出香甜的水果幽香。

草莓果酱烤猪肉

草莓果酱

带果肉的糖渍果酱

草莓果酱

草莓400克
砂糖160克
柠檬汁1大匙

开封前
冷藏保质6个月

开封后
冷藏保质1～2周

1 将食用醋或者小苏打粉用水调开，加入草莓浸泡30秒，用筛网捞出，以流水冲洗干净，沥干水分、去蒂。
2 草莓装入容器中，放入砂糖混合均匀之后，腌渍3小时以上。
3 用筛网分离出草莓汁和果肉。
4 将草莓汁倒入锅中，用中火加热直到产生黏性为止。
5 草莓汁中加入草莓果肉和柠檬汁，去除浮沫之后，为避免焦锅，用小火边熬制边搅动。
6 等整体发亮、变黏稠时，检查黏稠度，合适后熄火。
7 趁热装入瓶中，盖好盖子，倒置于室温下散热，之后冷藏。

+TIP

+需要注意的是，草莓不宜在水中长久浸泡或去蒂清洗，那样会导致维生素C流失。

风味升华的

草莓果酱烤猪肉

猪后腿肉600克
桂树叶2片
清酒2大匙
胡椒粒、料酒各1大匙
草莓果酱调味料（柠檬1个，草莓果酱1/2杯，红辣椒面、酱油、蒜末各1大匙）

1 柠檬洗净，皮切碎备用，果肉部分切碎、榨汁。
2 柠檬汁、切碎的柠檬皮和其余草莓果酱调料放入容器中混合均匀。
3 猪后腿肉洗净，用冷水浸泡去掉血水后，放入锅中，倒入足够的水，加入桂树叶、清酒、胡椒粒、料酒，煮20～30分钟。
4 在煮好的猪肉上抹匀草莓果酱调味料，用预热至190℃的烤箱烘烤40分钟。

+TIP

+除了猪后腿肉，五花肉也适用。
+在烤箱烘烤过程中，不时将猪肉取出，抹上草莓果酱调味料继续烤。这样烤出来的肉风味更加浓郁。

草莓果酱的制作方法

在食用醋或小苏打水中浸泡草莓，再放入筛网中用流水冲洗。

沥干水分，去蒂。

草莓放入容器中，加入砂糖。

不断搅动以免焦锅，直到产生黏性为止。

加入草莓果肉。

草莓和砂糖混合均匀，腌渍3小时以上。

用筛网分离草莓汁和果肉。

草莓汁倒入锅中，用中火加热。

加入柠檬汁。

去除浮沫之后，边搅动边用小火熬制。

黏稠度合适之后熄火。

草莓果酱烤猪肉的制作方法

草莓果酱倒入容器中，加入柠檬汁和切碎的柠檬皮。

加入红辣椒面。

加入酱油。

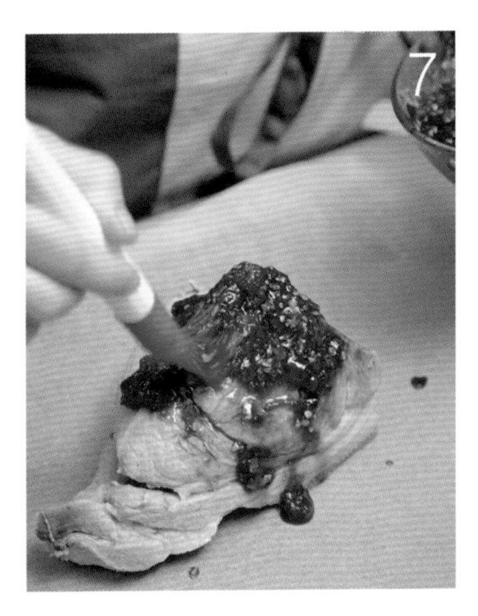

煮熟的猪肉上面涂匀草莓果酱调味料，用烤箱烘烤。

8

不时将猪肉取出，涂抹草莓果酱调味料，继续烘烤。

加入蒜末。

搅拌均匀，制成草莓果酱调味料。

猪后腿肉放入锅中，倒入充足的水，加入桂树叶、清酒、胡椒粒、料酒，煮20~30分钟。

烤猪肉切成适口尺寸。

糖渍桃子

桃子果酱

● 桃子果酱的制作方法

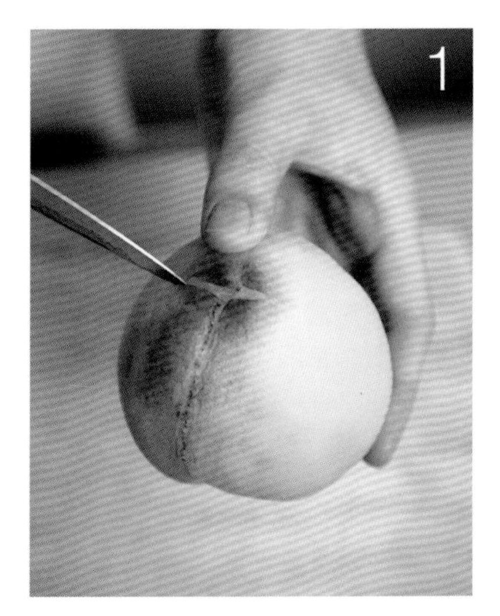

桃尖用刀划开十字口。

桃子在沸水中浸泡30秒后，放入冷水中。

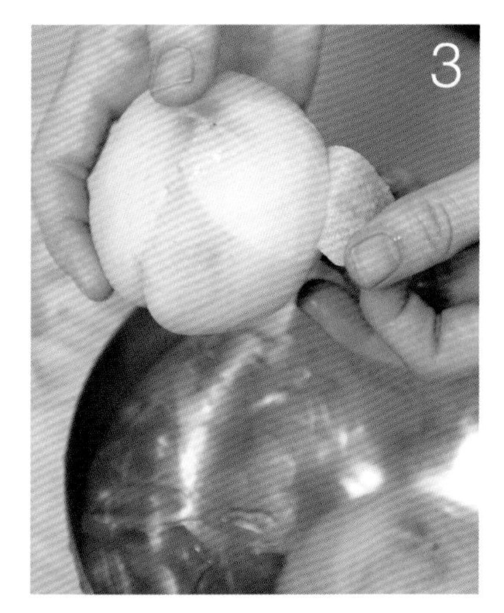

桃子去皮。

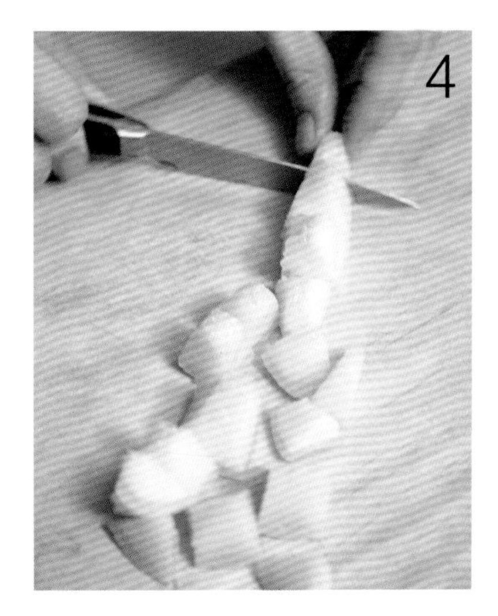

桃子切成适当大小的小丁。

桃子放入容器中，放入砂糖和1大匙柠檬汁，搅拌均匀之后腌渍30分钟。

为了避免焦锅，一边搅动一边熬制，等整体发亮、变黏稠时，加入1大匙柠檬汁混合。黏稠度合适之后熄火。

充满甜香味的

桃子果酱

桃子2个（约500克）
砂糖200克
柠檬汁2大匙

开封前
冷藏保质6个月

开封后
冷藏保质1～2周

1 在流水中轻轻搓去桃子的细毛，在桃尖处用刀划开十字口。桃子在沸水中浸泡30秒，再放入冷水中，去皮。
2 8等分竖切，去核，果肉再4等分横切。
3 备好的桃子放入容器中，放入砂糖和1大匙柠檬汁，腌渍30分钟。
4 倒入锅中，中火加热，煮沸时调至小火，去除浮沫之后，为了避免焦锅，边搅动边熬制。
5 等整体发亮、变黏稠之后，加入1大匙柠檬汁。黏稠度合适之后熄火。
6 趁热装入瓶中，盖好盖子，倒置于室温下散热，放凉后冷藏。

+TIP

+制作果酱时，须不停搅动，这样才不会焦锅。
+黄桃或天桃也可用相同做法制作果酱。

● 糖渍桃子的制作方法

桃尖用刀划开十字口，在沸水中浸泡30秒，再用冷水浸泡。

桃子去皮。

桃子8等分竖切，去核。

桃肉和桃皮放入锅中，放入砂糖。

加入柠檬汁。

加水，用小火煮15～20分钟。

果肉饱满、嚼劲十足的

糖渍桃子

桃子2个（约500克）
砂糖5大匙
柠檬汁1小匙
水300毫升

开封前
冷藏保质6个月

开封后
冷藏保质7~10天

1 在流水中轻轻搓去桃子的细毛，桃尖用刀划开十字口。
2 桃子在沸水中浸泡30秒，再放入冷水中，去皮，8等分竖切，去核。
3 备好的桃肉和桃皮、砂糖、柠檬汁、水放入锅中，用小火煮15~20分钟。
4 趁热装入瓶中，盖好盖子，倒置于室温下散热，放凉后冷藏。

+TIP

+加入桃皮，可获得隐约散发粉色的糖渍桃子。
+黄桃和天桃可用相同方法做成糖渍果酱。

软软的颗粒蹦蹦跳

葡萄果酱

红提葡萄400克
砂糖180克
柠檬汁1大匙

开封前
冷藏保质6个月

开封后
冷藏保质1~2周

1 将红提葡萄一粒粒摘下，在小苏打水中浸泡10分钟左右，再用流水冲洗干净，沥干水分。

2 葡萄对切，去籽。

3 葡萄放入锅中，用中火煮沸后调至小火，去除浮沫。为了防止焦锅，须一边搅动一边熬制。

4 等葡萄皮发软时，加入90克砂糖和全部的柠檬汁，煮5分钟左右。

5 加入90克砂糖，继续煮5分钟后检查黏稠度，合适后熄火。

6 趁热装入瓶中，盖好盖子，倒置于室温下散热，放凉后冷藏。

+TIP

+用相同方法可制作青提葡萄果酱。将红提葡萄和青提葡萄混搭制成果酱也不错。
+在去除浮沫时，用小碗装水，便于撇去浮沫时清洗勺子。

● 葡萄果酱的制作方法

摘下葡萄粒，用小苏打水浸泡，再用流水冲洗干净。

葡萄对切，去籽。

葡萄放入锅中煮沸，等表皮发软时，加入90克砂糖。

加入柠檬汁继续煮5分钟。

加入90克砂糖，继续煮5分钟。

黏稠度合适后熄火。

制作简单的

葡萄糖浆

葡萄500克
砂糖70克
水200毫升
朗姆酒1大匙

开封前
冷藏保质6个月

开封后
冷藏保质1～2周

1 一颗一颗摘下葡萄，在小苏打水中浸泡10分钟左右，用流水冲洗干净，沥干水分。
2 葡萄对切，去籽。
3 将砂糖和水放入锅中，用大火煮至砂糖溶化。
4 砂糖水煮沸时加入葡萄，用中火煮30分钟后，调至小火继续煮5分钟。
5 加入朗姆酒，混合均匀之后放凉。
6 筛网上面铺一张厨用纸巾，过滤。
7 只取葡萄汁装入容器中冷藏。

+TIP

+水或碳酸水中，以1：3或1：4的比例加入葡萄糖浆饮用，或将葡萄糖浆调入纯酸奶或沙冰中食用，味道都会非常好。
+剩余的葡萄果肉，可用于草莓果酱或浆果类果酱的制作。等果酱煮沸后调至小火熬制时加入葡萄果肉。

●制作方法

锅中加入砂糖和水，煮至砂糖溶化。砂糖水煮沸时加入葡萄继续煮。

加入朗姆酒混合均匀之后放凉。

筛网上面铺一张厨用纸巾过滤，只取葡萄汁使用。

将过滤好的葡萄汁装入容器中。

口感清脆的

苹果果酱

苹果2个（约400克）
砂糖160克
柠檬汁1大匙

开封前
冷藏保质6个月

开封后
冷藏保质1～2周

1 用小苏打水浸泡苹果，再用流水洗净去皮，竖切8等份，去核之后切薄片。果皮切片，与果肉片大小相似。
2 果肉和砂糖、柠檬汁放入锅中，混合均匀之后腌渍30分钟。
3 腌出水分之后，加入果皮，用中火加热，煮沸后调至小火。去除浮沫后，一边搅动一边熬制，以免焦锅。
4 等整体发亮、变黏稠时，检查黏稠度，合适后熄火。
5 趁热装入瓶中，盖好盖子，倒置于室温下，等放凉之后冷藏。

+TIP

+如果喜欢口感柔软的果酱，可将果肉用砂糖和柠檬汁腌渍，腌出水分的状态下加入果皮，一同用榨汁机打成泥。
+如果不喜欢苹果皮的口感，可以在去除浮沫的过程中捞出苹果皮。

● 苹果果酱的制作方法

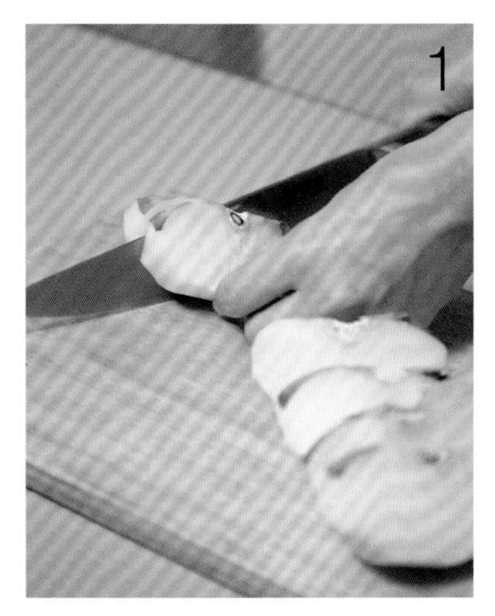

苹果去皮，竖切8等份。

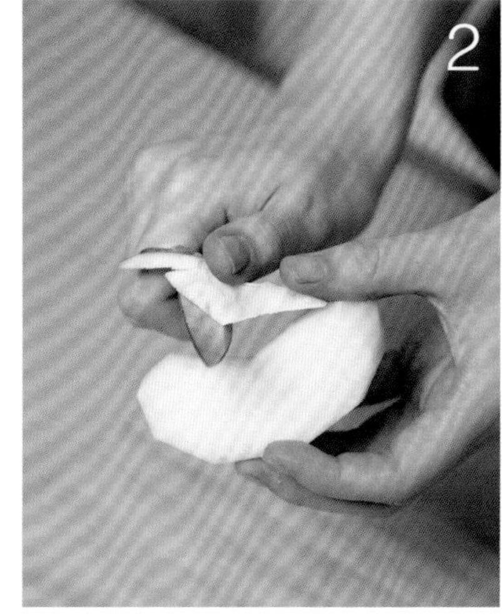

去果核。

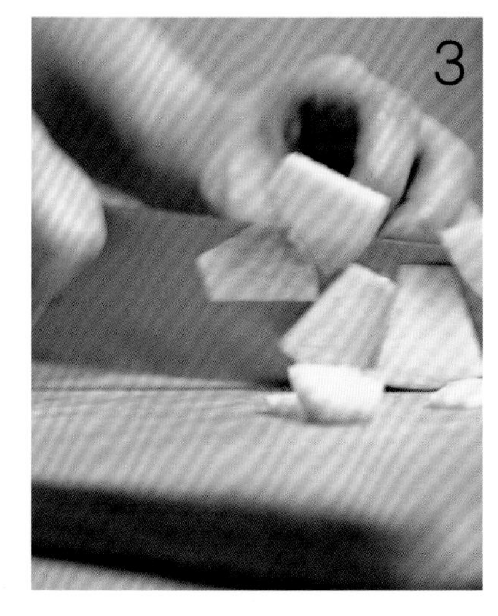

果肉切薄片，以相似尺寸切果皮。

煮沸之后调至小火。

去除浮沫之后，边搅动边继续熬制。

等整体发亮、变黏稠时，检查黏稠度，合适后熄火。

锅中加入果肉和砂糖、柠檬汁。

混合均匀之后腌渍30分钟。

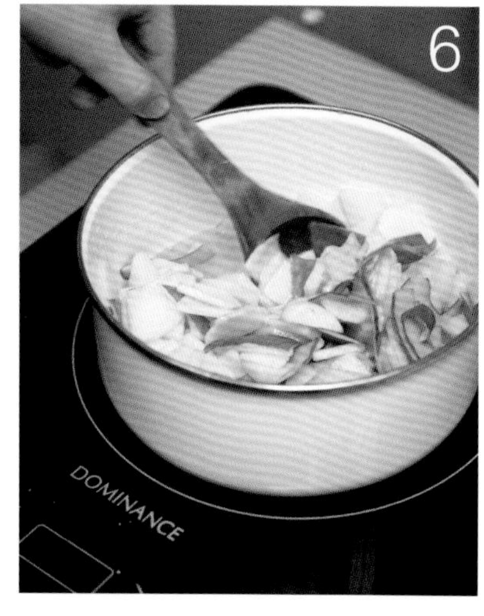

加入果皮，用中火煮沸。

趁热装入瓶中，盖上盖子放凉。

绿色沙拉

蓝莓果酱

● 蓝莓果酱的制作方法

蓝莓用流水洗净，用筛网沥干水分。

将蓝莓和50克砂糖放入锅中，用小火煮开。

再加入50克砂糖。

为了避免焦锅，一边搅动一边用中火熬制。

等整体发亮、变黏稠时，加入柠檬汁。

黏稠度合适之后熄火。

保健美味的

蓝莓果酱

蓝莓200克
砂糖100克
柠檬汁$^1/_2$大匙

开封前
冷藏保质6个月

开封后
冷藏保质1～2周

1 蓝莓用流水洗净之后，用筛网沥水。
2 将蓝莓和50克砂糖放入锅中，用小火煮10～15分钟。
3 煮出水分之后，调至中火继续煮10分钟。
4 加入50克砂糖，煮10～15分钟。
5 等整体发亮、变黏稠时，加入柠檬汁。检查黏稠度，合适后熄火。
6 趁热装入瓶中，盖好盖子，倒置于室温下，放凉后冷藏。

+TIP

+如果买不到新鲜蓝莓，可用冷冻蓝莓代替。

绿色沙拉的制作方法

准备适量材料。

蓝莓果酱和蓝莓、橄榄油、香醋全部加入榨汁机中打成汁。

加入盐混合均匀之后，制成蓝莓果酱调味料。

将沙拉用蔬菜放入盘中，加入坚果，浇淋蓝莓果酱调味料。

活用蓝莓果酱调味的

绿色沙拉

沙拉用蔬菜、坚果各适量
蓝莓果酱调味料
［蓝莓果酱2大匙，蓝莓$^{1}/_{2}$杯，橄榄油2小匙，香醋（意大利香醋）$^{1}/_{4}$杯，盐少许］

1 蓝莓果酱、蓝莓、橄榄油、香醋加入榨汁机中打成汁。

2 加入盐搅拌均匀，制成蓝莓果酱调味料。

3 用冰镇的容器盛装沙拉用蔬菜，放入坚果之后浇淋蓝莓果酱调味料。

+TIP

+蓝莓适合与乳制品搭配。在沙拉中放里科塔奶酪，浇淋蓝莓果酱调味料食用，既美味又健康。

奶冻

木莓果酱

● 木莓果酱的制作方法

木莓用流水洗净，沥干水分。

木莓和砂糖放入锅中，混合均匀之后，腌渍30分钟。

为了避免焦锅，一边搅动一边用中火加热。

煮沸后调至小火，去除浮沫的同时继续熬制。

等整体发亮、变黏稠时，加入柠檬汁混合。

检查黏稠度，合适之后熄火。

在舌尖爆发酸甜香味的

木莓果酱

木莓300克
砂糖150克
柠檬汁1/2大匙
蜂蜜1小匙

开封前
冷藏保质6个月

开封后
冷藏保质1~2周

1 木莓用流水洗净，沥干水分。

2 木莓和砂糖放入锅中混合均匀之后，腌渍30分钟。

3 用中火加热，煮沸后调至小火，去除浮沫之后，为了避免焦锅，一边搅动一边熬制。

4 等整体发亮、变黏稠时，加入柠檬汁混合。检查黏稠度，合适之后熄火。

5 加入蜂蜜混合。

6 趁热装入瓶中，盖好盖子，倒置于室温下，放凉后冷藏。

+TIP

+如果使用冷冻木莓，将冷冻木莓和砂糖混合均匀，置于室温下，等砂糖化开之后再加热。

奶冻的制作方法

冷水中加入明胶，泡发10分钟。

用手挤掉水分。

向微波炉加热过的100毫升牛奶中加入砂糖混合，之后加入明胶和70毫升牛奶、生奶油混合均匀。

加入香草油轻轻混合。

用合适的容器盛装，放入冷藏室凝固3小时以上。

等彻底凝固之后，放木莓果酱在上面。

● ● ● ● ●

用木莓果酱调味的甜点

奶冻

明胶3张（约4.5克）
牛奶170毫升
砂糖20克
生奶油100毫升
香草油3滴
木莓果酱3大匙
薄荷叶适量

1 冷水中加入明胶，泡发10分钟后，用手挤干水分。
2 将100毫升牛奶装入耐热容器中，用微波炉加热1分钟之后，加入砂糖搅拌，直到砂糖完全溶化。
3 将牛奶和明胶放入容器中，加入70毫升牛奶和全部的生奶油混合。
4 加入香草油，轻轻混合之后，装入容器中，放入冰箱冷藏室凝固3小时以上。
5 等完全凝固之后，上面摆放木莓果酱，用薄荷叶装饰。

+TIP

+如果使用粉状明胶，只需加入1 1/2小匙。
+除了木莓果酱，也可根据个人喜好加入其他果酱食用。

香蕉奶昔

橙子西柚果酱

橙子西柚带皮果酱

● 橙子西柚果酱的制作方法

橙子去皮，片出果肉。

剩下的果肉及瓣膜榨汁后切碎。

西柚去皮，片出果肉之后，将剩余的果肉及瓣膜榨汁、切碎。

果肉、果汁和切碎的果肉及瓣膜放入锅中，加入砂糖腌渍3小时。

用中火煮沸后，去除浮沫。为了避免焦锅，调至小火后一边搅动一边熬制。

加入柠檬汁混合。检查黏稠度，合适之后熄火。

充满柑橘清香的

橙子西柚果酱

橙子4个（约480克）
西柚1个（约460克）
砂糖140克
柠檬汁$^{1}/_{2}$小匙

开封前
冷藏保质6个月

开封后
冷藏保质1～2周

1 橙子和西柚去皮，片出果肉之后，将剩余的果肉及瓣膜榨汁、切碎。
2 果肉、果汁和切碎的果肉及瓣膜放入锅中，加入砂糖腌渍3小时。
3 用中火加热，煮沸时，去除浮沫，待清理干净时，调至小火。为了避免焦锅，一边搅动一边熬制。
4 等整体发亮、变黏稠时加入柠檬汁混合。检查黏稠度，合适之后熄火。
5 趁热装入瓶中，盖好盖子，倒置于室温下，放凉后冷藏。

+TIP

+砂糖的量根据橙子和西柚的大小适当调整。此处砂糖重量为果汁和果肉重量的20%左右。
+片出果肉时，下面放锅接住，可减少果汁的损失。
+果肉用砂糖腌渍时，砂糖渗入果肉的同时，会腌出果汁。

● ● ● ● ●

用带皮果酱使味香翻倍的

香蕉奶昔

香蕉20克
橙子西柚带皮果酱1大匙
牛奶100毫升
脱脂奶粉1～2大匙

1 香蕉去皮之后，切成适当大小。

2 将香蕉和其余材料全部加入榨汁机中打成汁。

+TIP

+如果没有脱脂奶粉，可省略。
+用类似方法将橙子西柚带皮果酱1大匙、去皮香蕉20克、牛奶30毫升、纯酸奶70毫升、柠檬汁1/2大匙、蜂蜜1大匙加入榨汁机中打成汁，印度的传统饮料“莱西（Lassi）。”就完成了。

● 制作方法

准备适量材料。

将准备好的香蕉放入容器中，加入脱脂奶粉。

加入橙子西柚带皮果酱、牛奶。

放入榨汁机中打成汁。

满口清香的

橙子西柚带皮果酱

橙子1个（约120克）
西柚1个（约460克）
砂糖200克
柠檬汁2大匙
白葡萄酒1大匙

开封前
冷藏保质6个月

开封后
冷藏保质1～2周

1 橙子、西柚洗净，用刀划开，去皮。果皮切成细丝。
2 切成丝的橙子皮、西柚皮放入锅中，加入1.5倍的水加热。
3 煮沸之后调至中火，熬煮5分钟。用筛网捞出果皮，沥干水分，果皮丝用流水冲洗干净后用手去掉多余水分。
4 去皮后的橙子、西柚片出果肉，剩余的果肉及瓣膜榨汁。
5 果皮、果肉、果汁放入锅中，放入砂糖混合均匀，用中火加热。
6 煮沸后调至小火，去除浮沫。为了避免焦锅，边熬制边搅动30分钟。
7 等整体发亮、变黏稠时，加入柠檬汁和白葡萄酒混合均匀。黏稠度合适之后熄火。
8 趁热装入瓶中，盖好盖子，倒置于室温下放凉，冷藏。

+TIP
+砂糖用量根据橙子和西柚的重量适当调整。
此处砂糖重量约为橙子和西柚果肉、果皮、果汁总重量的50%。

● 橙子西柚带皮果酱的制作方法

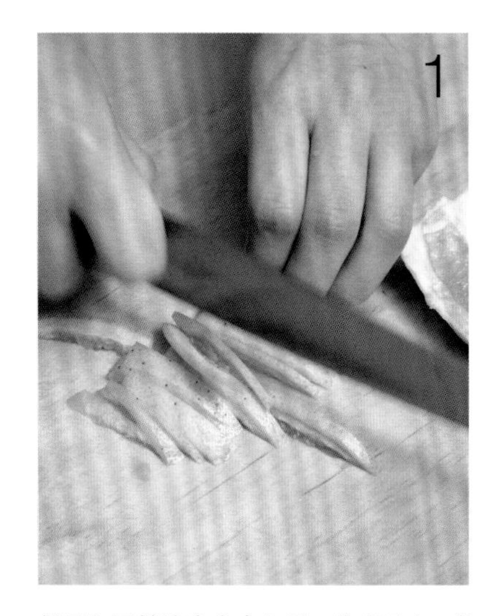

橙子和西柚洗净去皮之后，片出果肉，将剩余的果肉及瓣膜榨汁。果皮切细丝。

切成丝的橙子皮和西柚皮放入锅中，加入1.5倍的水加热。

等煮沸后调至中火，继续煮5分钟。

放入砂糖混合均匀之后，用中火加热。

煮沸后调至小火。

去除浮沫之后，为了避免焦锅，一边搅动一边熬制。

用筛网捞出果皮，用流水冲洗干净。

用手按压，去掉多余水分。

将备好的果皮、果肉和果汁放入锅中。

等整体发亮、变黏稠之后，加入柠檬汁和白葡萄酒。

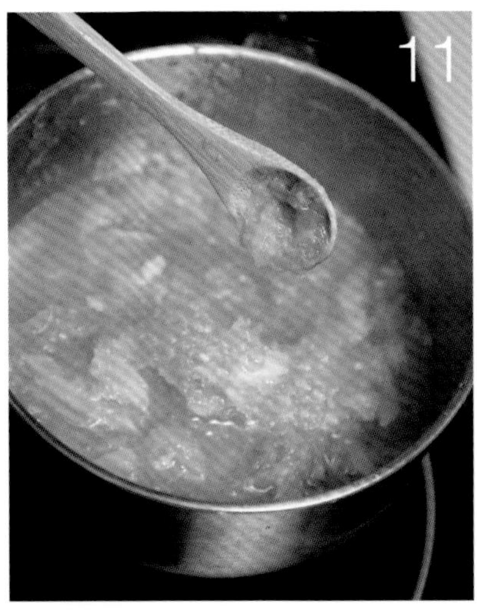

检查黏稠度，合适之后熄火。

趁热装入瓶中，盖好盖子放凉。

柠檬蜂蜜果酱

柠檬凝酪

● 柠檬蜂蜜果酱的制作方法

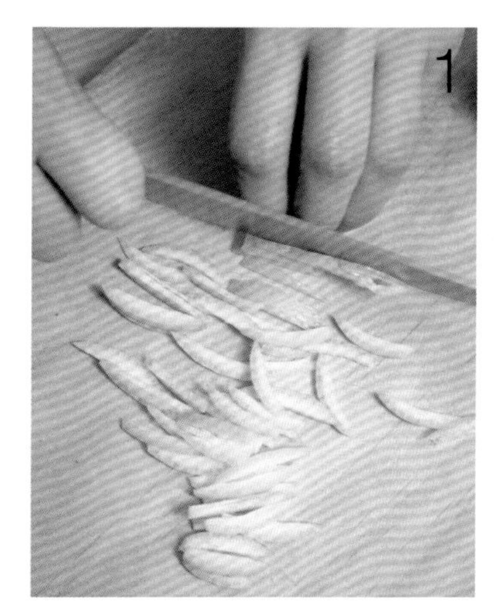

柠檬洗净，皮切成细条。

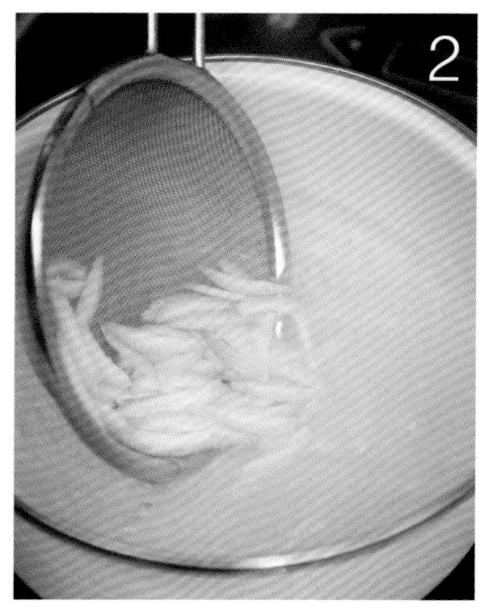

在沸水中加入柠檬皮，焯至柠檬皮变得透明后沥干水分。

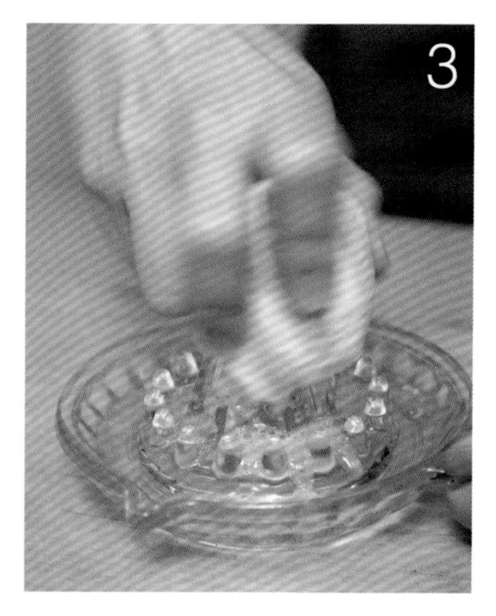

果肉榨汁后切碎。

柠檬汁和切碎的果肉、蜂蜜、砂糖、水装入耐热容器之中混合均匀。

加入柠檬皮，用保鲜膜包好，放进微波炉中加热。

做好的柠檬蜂蜜果酱，趁热装入瓶中，盖好盖子放凉。

酸甜到微醺的

柠檬蜂蜜果酱

柠檬1个（约100克）
蜂蜜3大匙
砂糖1 1/2大匙
水70毫升

开封前
冷藏保质6个月

开封后
冷藏保质1～2周

1 柠檬用小苏打水浸泡片刻后搓洗，切去头、尾并去皮。
2 柠檬皮切成细条，放入沸水中焯至柠檬皮变透明，用筛网捞起沥干水分。
3 果肉榨汁后切碎。
4 柠檬汁和切碎的果肉、蜂蜜、砂糖、水装入耐热容器之中混合均匀之后，加入焯好的柠檬皮，包好保鲜膜放进微波炉中加热5分钟。
5 再次混合均匀，不用保鲜膜，放进微波炉里继续加热2分钟。
6 将步骤5重复3次左右，检查黏稠度，不合适的话继续加热，合适的话结束此操作。
7 趁热装入瓶中，盖好盖子，倒置于室温下放凉，再冷藏。

+TIP

+柠檬蜂蜜果酱在加热过程中可能会煮沸溢出，弄脏微波炉，因此最好选用深底的耐热容器盛装柠檬蜂蜜果酱。加热完在去掉保鲜膜时要小心热气伤手。

柠檬凝酪的制作方法

只取柠檬的黄色果皮部分，用刨丝器刨制柠檬皮末。

剩余的用榨汁器挤出柠檬汁。

将砂糖和柠檬汁、黄油放入容器中，用温水隔热化开之后混合。

倒入锅中，用小火加热，同时少量多次加入鸡蛋黄，搅拌均匀，以免结块。

加入柠檬皮末，在熬制过程中均匀搅拌。

检查黏稠度，合适之后熄火。

充满柠檬汁的英式果酱

柠檬凝酪

柠檬5个（500克）
砂糖500克
黄油150克
鸡蛋黄5个

开封前
冷藏保质6个月

开封后
冷藏保质1～2周

1 调制小苏打水，加入柠檬浸泡片刻之后搓洗，只取黄色果皮部分用刨丝器刨成柠檬皮末。剩余的柠檬榨汁。
2 将砂糖和柠檬汁、黄油放入容器中，用温水隔热化开。
3 等黄油彻底熔化之后，倒入小锅中，用小火加热，少量多次加入打好的鸡蛋黄，需要搅拌均匀以免结块。
4 加入柠檬皮末，用小火加热，这中间一直均匀搅拌，直至黏稠度合适。
5 趁热装入瓶中，盖好盖子，倒置于室温下，放凉之后冷藏。

+TIP

+凝酪不同于常见的果酱，是需要加入黄油和蛋黄的英式果酱。
+比常见的果酱略稀，是凝酪的最佳状态。
+蛋黄需过筛备用。

清脆而弹牙的咀嚼感

梨橘子果酱

梨1个（约300克）
橘子2个（约200克）
砂糖90克
柠檬汁1大匙

开封前
冷藏保质6个月

开封后
冷藏保质2周

1 梨去皮，切4等份之后去核，一半用刨丝器刨成丝，另一半切成1厘米见方的小块。
2 橘子去皮，分4等份。
3 将梨和橘子放入锅中，加入砂糖和半匙柠檬汁混合之后，腌渍30分钟。
4 等砂糖溶化、腌出水分之后，用中火煮沸，再调至小火，去除浮沫。为了避免焦锅，一边搅动一边熬制。
5 等整体发亮、变黏稠时加入半匙柠檬汁。检查黏稠度，合适之后熄火。
6 趁热装入瓶中，盖好盖子，倒置于室温下，放凉之后冷藏。

+TIP

+准备梨果肉重量的30%的砂糖。
+加入50克生姜末制作果酱，可预防换季感冒，在喉咙疼痛时食用。

● 梨橘子果酱的制作方法

梨去皮，切4等份。

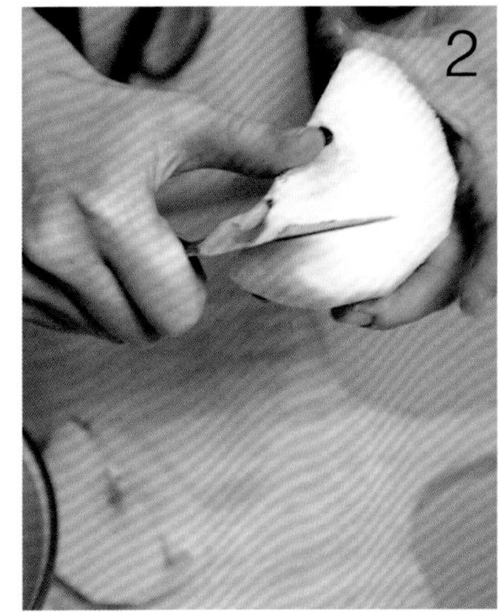

去梨核。

取一半用刨丝器刨成丝。

橘子去皮，分4等份放入锅中。

加入砂糖。

加入半匙柠檬汁，混合均匀。

另一半切成1厘米见方的小块。

将丝状和块状的梨都放入锅中。

腌渍30分钟，等砂糖溶化、腌出水分之后，用中火煮沸。

调至小火，为了避免焦锅，一边搅动一边熬制。等整体发亮、变黏稠时加入半匙柠檬汁混合，熬至黏稠度合适。

趁热装入瓶中，盖好盖子放凉。

幽香甜蜜的味道

梅子果酱

梅子500克
砂糖250克
柠檬汁1大匙

开封前
冷藏保质6个月

开封后
冷藏保质2周

1 梅子利用牙签去蒂，在小苏打水中浸泡片刻，搓洗之后用流水冲洗干净，沥干水分。
2 将梅子放入锅中，加入砂糖之后混合均匀，腌渍30分钟。
3 用中火加热，为了避免焦锅，一边搅动一边熬制。
4 煮至梅子变软，熄火，连锅浸入冰水中散热。
5 利用木勺和筷子去掉梅子核。继续加热，为避免焦锅，一边搅动一边用小火熬制。
6 等整体发亮、变黏稠时加入柠檬汁。检查黏稠度，合适之后熄火。
7 趁热装入密封容器中，盖好盖子，倒置于室温下，等放凉之后冷藏。

+TIP

+等砂糖溶化、梅子煮熟，腌出梅子内部的水分后，搅拌起来比较轻松。
+准备大约占梅子重量40%的砂糖也可。

梅子果酱的制作方法

梅子利用牙签去蒂。

在小苏打水中浸泡梅子，轻轻揉搓，避免果肉擦伤。

用流水冲洗干净，沥干水分。

等梅子变软，熄火，连锅浸入冰水中散热。

利用木勺和筷子去掉梅子核。

继续加热熬制。为了避免焦锅，须不时搅动。

梅子放入锅中，加入砂糖之后混合均匀，腌渍30分钟。

5

为了避免焦锅，一边搅动一边熬制。

等整体发亮、变黏稠时加入柠檬汁。检查黏稠度，合适之后熄火。

趁热装入瓶中，盖好盖子放凉。

猕猴桃果酱
冰淇淋

营养又美味的

猕猴桃果酱

猕猴桃4个（约400克）
砂糖100克
柠檬汁$1^2/_3$大匙
蜂蜜4大匙

开封前
冷藏保质6个月

开封后
冷藏保质1～2周

1 猕猴桃去蒂及皮，切片，厚度为5毫米。
2 将猕猴桃放入锅中，加入砂糖均匀混合之后，腌渍1小时以上。
3 等腌出水分后，用中火煮沸。
4 煮沸后，调至小火，去除浮沫。为了避免焦锅，一边搅动一边熬制。
5 等整体发亮、变黏稠时，加入柠檬汁混合。检查黏稠度，合适之后熄火。加入蜂蜜混合。
6 趁热装入瓶中，盖好盖子，倒置于室温下，放凉之后冷藏。

+TIP

+如果喜欢带果肉的口感，加热时轻轻搅动；如果喜欢柔滑的口感，在搅动时可用勺子捣碎果肉。
+黄金猕猴桃也可用相同方法制作，要想长期储藏，可增加砂糖量。

猕猴桃果酱的制作方法

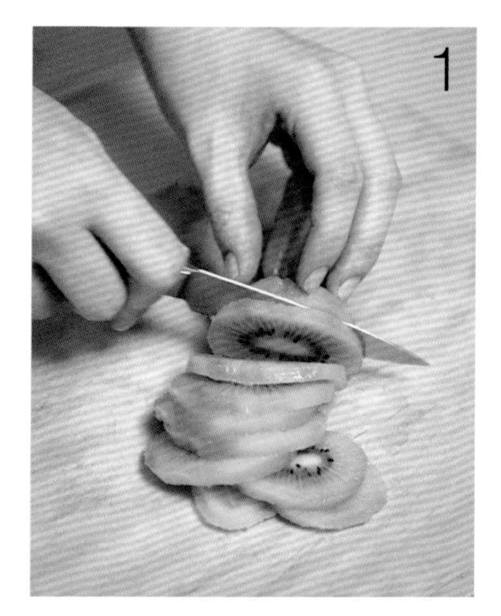

猕猴桃去皮，以适当厚度切片。

猕猴桃放入锅中，加入砂糖之后，腌渍1小时以上。

用中火煮沸后，调至小火，一边去除浮沫，一边继续熬制。

等整体发亮、变黏稠时，加入柠檬汁混合。

检查黏稠度，合适之后熄火。

加入蜂蜜混合。

●●●●●

用猕猴桃果酱使酸爽加倍的

冰淇淋

猕猴桃果酱100克
生奶油、牛奶各150毫升
利口酒1～2小匙

1 所有材料放进容器中混合，在冷冻室冷冻30分钟。
2 等边缘的材料冻住时取出，用手动搅拌器混合均匀，再次放入冷冻室冷冻30分钟。
3 步骤2重复四五遍之后，放入冷冻室至完全冰冻。

+TIP

+在曲奇上面放冰淇淋，用另一片曲奇盖好，香甜的冰淇淋夹心饼干就完成了。可用卡斯提拉（长崎蛋糕）替代曲奇。

● 制作方法

容器中放入猕猴桃果酱。

加入生奶油和牛奶。

加入利口酒，混合均匀之后，在冷冻室冷冻30分钟。

用手动搅拌器混合均匀之后，再次放入冷冻室。

香蕉果酱
香蕉焦糖果酱

浸满甜蜜的柔滑

香蕉焦糖果酱

香蕉3个（约300克）
砂糖100克
水200毫升
焦糖奶油
（砂糖120克，水2大匙，生奶油200毫升）

开封前
冷藏保质6个月

开封后
冷藏保质7～10天

1 制作焦糖奶油用的砂糖和水放入锅中，轻轻晃动着加热至整体色泽变深。
2 加入生奶油混合均匀，制成焦糖奶油。
3 香蕉去皮，切1厘米的厚片。
4 香蕉和砂糖、水放入锅中，用中火煮沸。
5 煮沸后调至小火，加入80克焦糖奶油混合均匀，继续熬制，黏稠度合适后熄火。
6 趁热装入瓶中，盖好盖子，倒置于室温下放凉，之后冷藏。

+TIP

+制作少量的焦糖奶油比较麻烦，最好一次把量做足，剩余的焦糖奶油用于其他地方。按照配料表中的分量，可制作200克左右的焦糖奶油。
+美式咖啡上面放冰淇淋，冰淇淋上面浇淋焦糖奶油，会是一道很特别的饮品。

● 香蕉焦糖果酱的制作方法

制作焦糖奶油用的砂糖和水放入锅中加热。

轻轻晃动小锅，煮至整体颜色变深。

加入生奶油混合均匀，制成焦糖奶油。

香蕉放入小锅中，放入砂糖。

倒入水混合均匀，用中火加热。

煮沸之后，调至小火，去除浮沫。为了避免焦锅，一边搅动一边熬制。

香蕉去皮，切成适当大小。

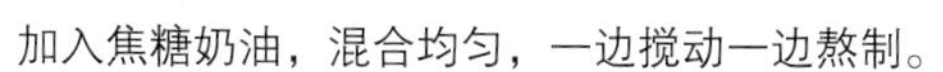
加入焦糖奶油，混合均匀，一边搅动一边熬制。

至黏稠度合适。

● 香蕉果酱的制作方法

切好的香蕉放入耐热容器中，加入柠檬汁和盐。

香蕉捣碎，混合均匀。

包好保鲜膜，用微波炉加热3分钟。

混合均匀之后，不用保鲜膜，放入微波炉里加热3分钟。

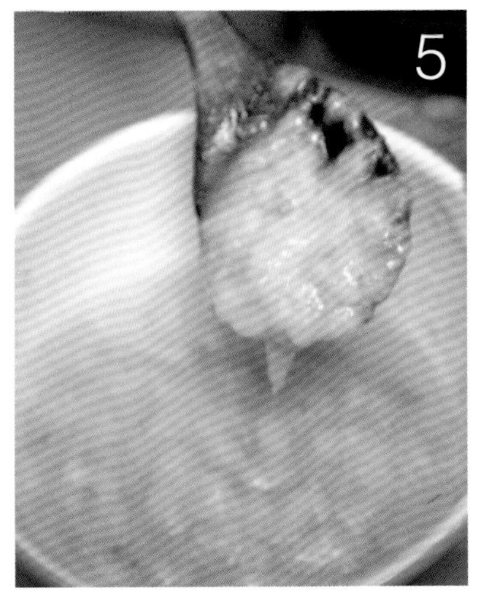

检查黏稠度，如果过稀，在不用保鲜膜的状态下继续加热。

趁热装入瓶中，盖好盖子放凉。

不含砂糖的

香蕉果酱

香蕉4个（约400克）
柠檬汁2大匙
盐3克

开封前
冷藏保质4个月

开封后
冷藏保质1周

1 香蕉去皮，切成适当大小，放入较大的耐热容器里，加入柠檬汁和盐，混合均匀。
2 用木勺或者叉子、打泡器等捣碎香蕉。
3 包好保鲜膜，用微波炉加热3分钟后取出，混合均匀。
4 不用保鲜膜的状态下，继续加热3分钟，取出再次混合均匀。
5 检查黏稠度。如果过稀，在不用保鲜膜的状态下，用微波炉继续加热，直至获得自己所需的黏稠度。
6 趁热装入瓶中，盖好盖子，倒置于室温下放凉，冷藏。

+TIP

+选用成熟度适中的香蕉。
+用微波炉加热时，可能会出现香蕉果肉炸开的现象，最好选用底盘大的耐热容器。撕下保鲜膜时要注意，避免烫伤。

菠萝果酱

西瓜果酱
甜瓜果酱

● 甜瓜果酱的制作方法

用勺子去掉甜瓜籽。

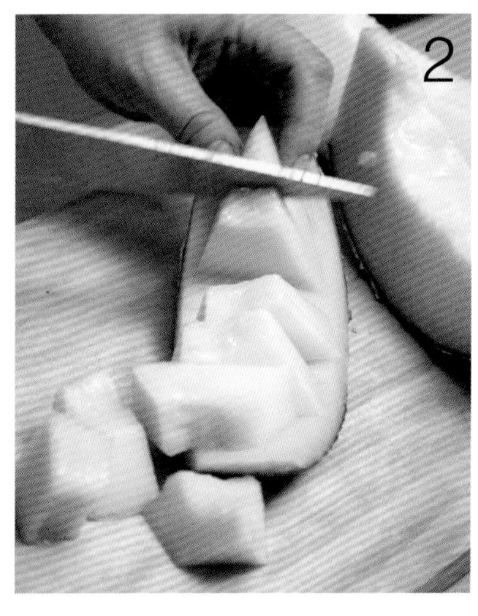

4等分竖切，去皮，切成适当大小。

切好的甜瓜放入榨汁机中打成汁，倒入小锅中。

加入砂糖和1大匙柠檬汁，混合均匀之后用中火煮沸。

调至小火，一边搅动一边去除浮沫。等整体发亮、变黏稠时，加入1大匙柠檬汁。

检查黏稠度，合适之后熄火。趁热装入瓶中，盖好盖子，放凉。

芳香飘溢的

甜瓜果酱

甜瓜1/2个（约500克）
砂糖200克
柠檬汁2大匙

开封前
冷藏保质6个月

开封后
冷藏保质1～2周

1 利用勺子去掉甜瓜籽，4等分竖切之后去皮，切成适当大小，用榨汁机打成汁。
2 倒入小锅中，加入砂糖和1大匙柠檬汁，混合均匀。
3 用中火煮沸后，调至小火，去除浮沫。为了避免焦锅，一边搅动一边熬制。
4 等整体发亮、变黏稠时，加入1大匙柠檬汁混合。检查黏稠度，合适之后熄火。
5 趁热装入瓶中，盖好盖子，倒置于室温下放凉，冷藏。

+TIP

+准备约占甜瓜重量40%的砂糖。
+为了保留甜瓜的风味，甜瓜不宜煮太久。

● 菠萝果酱的制作方法

菠萝去皮去芯，切成适当大小。

放入榨汁机中打成汁之后，倒入小锅中。

加入80克砂糖，混合均匀之后用中火加热。

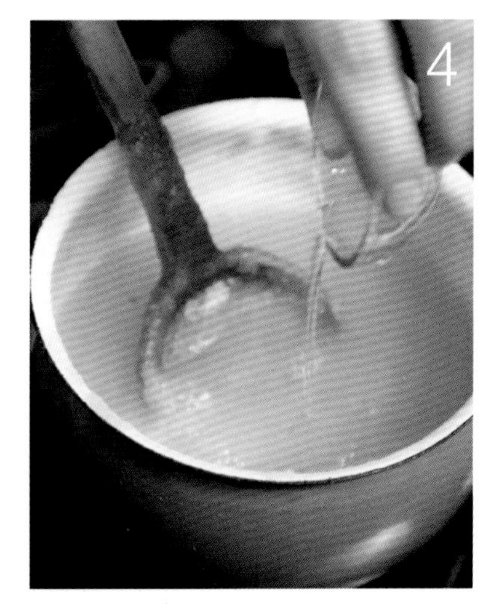

煮沸后，调至小火。为了避免焦锅，一边搅动一边熬制，其间加入柠檬汁和80克砂糖混合。

等整体发亮、变黏稠时，检查黏稠度，合适之后熄火。

趁热装入瓶中，盖好盖子放凉。

热带水果特有的甘香酸甜

菠萝果酱

菠萝400克
砂糖160克
柠檬汁1大匙

开封前
冷藏保质6个月

开封后
冷藏保质1~2周

1 菠萝去皮去芯，果肉切成适当大小，放入榨汁机中打成汁。
2 倒入小锅中，放入80克砂糖，混合均匀之后用中火加热。
3 煮沸后，调至小火，去除浮沫。为了避免焦锅，一边搅动一边熬制。
4 加入柠檬汁和80克砂糖。等整体发亮、变黏稠时，检查黏稠度，合适之后熄火。
5 趁热装入瓶中，盖好盖子，倒置于室温下放凉，冷藏。

+TIP

+砂糖的重量约为果肉的40%。
+新鲜的菠萝需要处理，想要更加便捷的话，可以购买已经去皮处理好的菠萝或者菠萝罐头。在大型超市可轻松买到去皮、用保鲜膜包好的菠萝。

● 西瓜果酱的制作方法

西瓜去皮，取瓜瓤和白色部分。

瓜瓤切成适当大小，去籽。

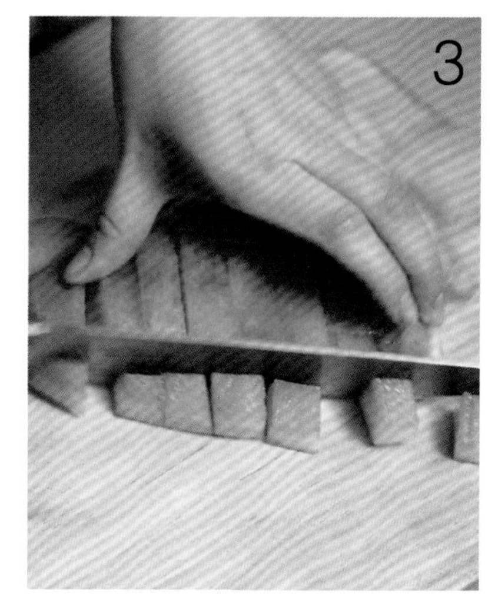

白色部分也切成相似大小。

全部放入容器中，加入砂糖混合均匀，腌渍30分钟左右。

等腌出水分后，用中火煮沸，调至小火，去除浮沫的同时继续熬制。

等整体发亮、变黏稠时，加入柠檬汁混合均匀。熬制至黏稠度合适，熄火。

清爽又凉甜沁心的

西瓜果酱

西瓜瓜瓤250克
西瓜白色部分150克
砂糖50克
柠檬汁1大匙

开封前
冷藏保质6个月

开封后
冷藏保质1~2周

1 西瓜瓜瓤切成1厘米见方的小块，去籽。
2 白色部分也切成1厘米见方的小块。
3 全部倒入容器中，放入砂糖，混合均匀之后腌渍30分钟左右。
4 腌出水分后，用中火加热，煮沸时调至小火，去除浮沫。为了避免焦锅，一边搅动一边继续熬制。
5 等整体发亮、变黏稠时，加入柠檬汁混合均匀。检查黏稠度，合适之后熄火。
6 趁热装入瓶中，盖好盖子，倒置于室温下放凉，冷藏。

+TIP

+如果需要柔滑的口感，可将西瓜白色部分用砂糖腌渍30分钟后，用榨汁机打成汁再加热。
+如果与柑橘类水果混合制作，将会得到口感加倍酸甜、色泽更加鲜艳的果酱。

充满浓郁香气的

芒果果酱

芒果3个(约500克)
砂糖200克
丁香1小匙
柠檬汁1大匙

开封前
冷藏保质6个月

开封后
冷藏保质1~2周

1 芒果用刀3等分之后，去核，横切3刀，竖切5刀，剥皮取果肉。
2 果肉和砂糖放入锅中，用中火加热，煮沸之后去除浮沫，调至小火。为了避免焦锅，一边搅动一边熬制。
3 放凉后用榨汁机打成泥。
4 倒入小锅中，加入丁香之后，用小火加热。为了避免焦锅，一边搅动一边熬制。
5 等整体发亮、变黏稠时加入柠檬汁，混合均匀之后检查黏稠度，合适后熄火。
6 趁热装入瓶中，盖好盖子，倒置于室温下放凉，冷藏。

+TIP

+除了新鲜芒果，也可以用冷冻芒果，做法一样。
+可加入印度酸奶中混合食用，或者加入美式咖啡中混搭，还可涂抹在春卷皮上，包好红豆馅，油炸之后，即成简单美味的茶点。

● 芒果果酱的制作方法

芒果从中间入刀避开果核划开，连皮切3等份。

用刀划开果肉，横3刀，竖5刀。

果肉放入锅中，放入砂糖混合均匀之后，用中火加热。

煮沸后调至小火。去除浮沫，为了避免焦锅，一边搅动一边熬制。

散热之后，放入榨汁机中打成泥。

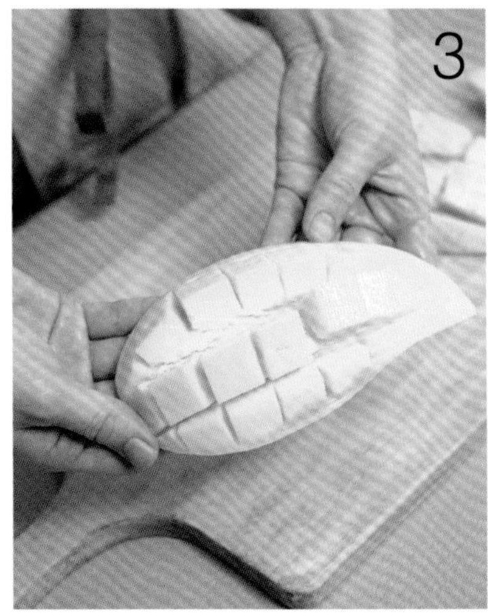

反向翻芒果皮，只取果肉。

倒入锅中，加入丁香，用小火加热。等整体发亮之后加入柠檬汁混合。检查黏稠度，合适后熄火。

趁热装入瓶中，盖好盖子放凉。

delicious mainstay at the breakfast
this blend makes a splendid
for shortcakes or crepes.
with freshly whipped cream
or vanilla ice cream.
Jim Stott
after opening.

满满都是芳香的

香瓜果酱

香瓜2个(约600克)
砂糖100克
柠檬汁1大匙

开封前
冷藏保质6个月

开封后
冷藏保质1~2周

1 香瓜去皮，4等分竖切，去籽之后，切成适当大小。
2 锅中放入香瓜和砂糖，混合均匀之后用中火加热。
3 煮沸之后调至小火，去除浮沫。为了避免焦锅，一边搅动一边熬制。
4 变黏稠之后加入柠檬汁混合。检查黏稠度，合适之后熄火。
5 倒入榨汁机，打成浆状。
6 趁热装入瓶中，盖好盖子，倒置于室温下放凉，冷藏。

+TIP

+如果喜欢咀嚼果肉的口感，请省略步骤5，直接装入瓶中。

香瓜果酱的制作方法

香瓜去皮，4等分竖切。

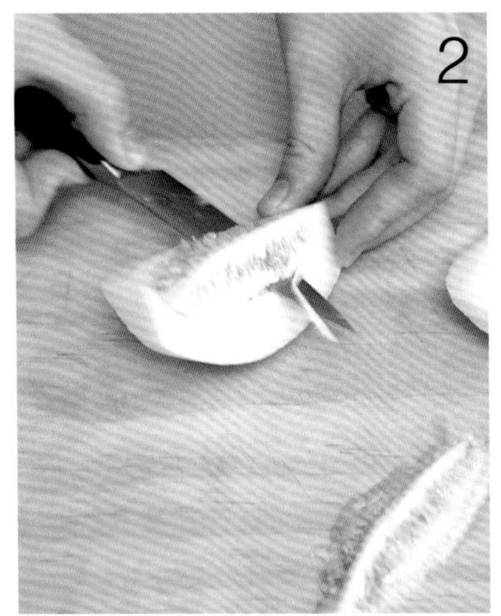

去籽。

切成适当大小。

煮沸后调至小火。为了避免焦锅，一边搅动一边熬制。

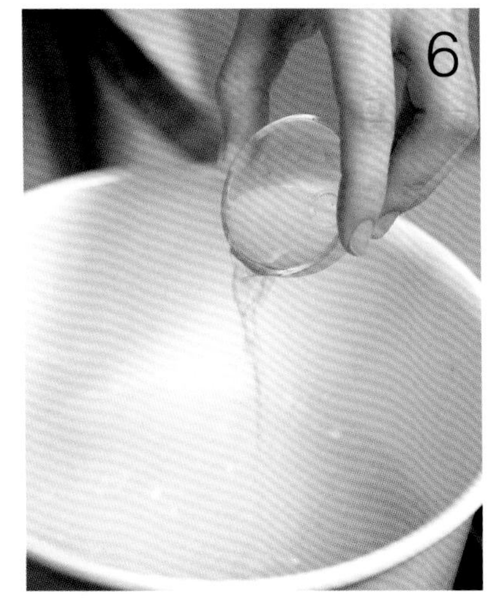

等变黏稠之后，加入柠檬汁。

黏稠度合适之后熄火。

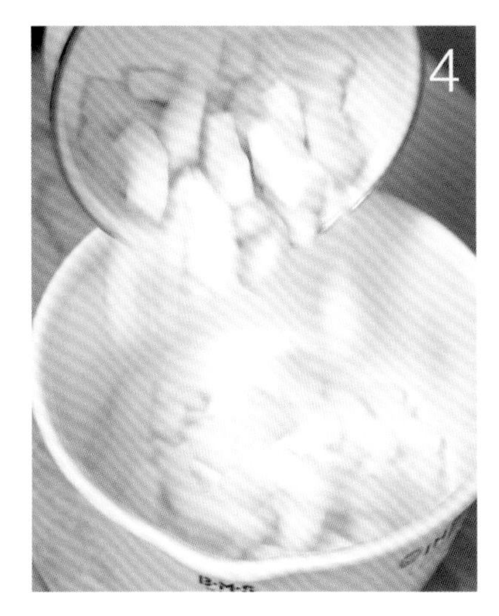

香瓜和砂糖放入锅中混合均匀之后，用中火加热。

倒入榨汁机，打成浆状。

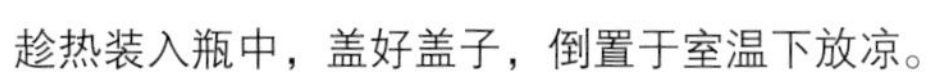

趁热装入瓶中，盖好盖子，倒置于室温下放凉。

培根火腿奶酪三明治

石榴果酱

石榴果酱的制作方法

石榴掰开，只取石榴籽。

石榴籽放入小锅中，加入23克砂糖，混合均匀之后腌渍30分钟。

腌出水分之后，边搅动边用中火加热。

煮沸后熄火，放在筛网里用木勺按压，分离石榴汁和籽。

石榴汁倒入小锅中，放入22克砂糖用小火加热并熬制。等整体发亮、变黏稠时，加入柠檬汁和调水化开的果胶。

黏稠度合适之后熄火。

酸酸甜甜、口感丰富的

石榴果酱

石榴3个（约750克）
砂糖45克
果胶5克
水、柠檬汁各1大匙

开封前
冷藏保质6个月

开封后
冷藏保质1~2周

1 石榴用刀划开十字口，双手用力掰开，只取石榴籽。
2 石榴籽放入锅中，加入23克砂糖，混合均匀之后腌渍30分钟。
3 果胶泡入适量的水中。
4 石榴籽腌出水分之后，用中火加热，煮沸后熄火。用木勺挤压石榴籽，分离出石榴汁。
5 石榴汁倒入锅中，放入22克砂糖之后，用小火一边加热一边去除浮沫。为了避免焦锅，熬制时须不时搅动。
6 等整体发亮、变黏稠时，加入柠檬汁和调水化开的果胶混合均匀。检查黏稠度，合适之后熄火。
7 趁热装入瓶中，盖好盖子，倒置于室温下放凉，冷藏。

+TIP

+如果家中有榨汁机，可将石榴籽倒入榨汁机中榨汁，加入适量的其他材料，用相同方法熬制成果酱。
+石榴果酱可以像糖浆一样，与水或碳酸水冲调饮用。1：3或者1：4的比例最为适合。

● 培根火腿奶酪三明治的制作方法

吐司片对切，用平底锅煎至金黄。

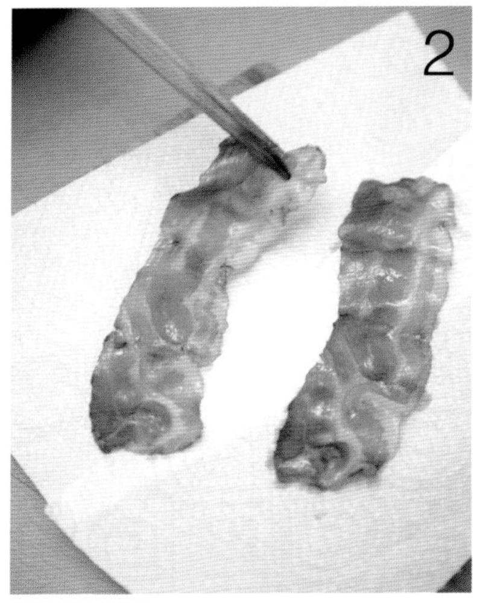

培根烤至焦脆，放在吸油纸上面吸掉油分。

在吐司（单面）上涂抹石榴果酱。

依次摆上烤制的培根和火腿薄片、奶酪薄片、长叶莴苣叶子。

用涂抹了蛋黄酱的另一片吐司盖好。

●●●●●

活用石榴果酱的

培根火腿奶酪三明治

吐司2片
培根4片
石榴果酱1大匙
火腿薄片、奶酪薄片
各适量
长叶莴苣叶子2片
蛋黄酱1大匙

1 吐司片对切，用平底锅或烤面包机烤至金黄。
2 用加热的平底锅煎烤培根，烤至发脆时置于吸油纸上去油。
3 吐司的一面涂抹石榴果酱，依次摆放烤好的培根、火腿薄片、奶酪薄片、长叶莴苣叶子。
4 在另一片吐司的一面涂抹蛋黄酱，盖至莴苣叶子上面。

+TIP

+吐司上面涂抹石榴果酱之后，上面放奶酪，盖上另一片吐司之后用烤箱或者烤面包机烤至奶酪化开，香喷喷的简易三明治就轻松完成了。
+不妨利用佛卡夏面包（Focaccia）或法式乡村面包制作三明治，将会品尝到不同的口感哦。

滑软味美的

黄杏果酱

黄杏400克
砂糖500克
柠檬果皮粉1小匙

开封前
冷藏保质6个月

开封后
冷藏保质1～2周

1 黄杏用流水洗净，沥干水分，对切去核之后连皮切12等份。
2 放入容器中，加入250克砂糖混合之后腌渍30分钟。
3 等腌出水分后用中火加热。
4 煮沸后调至小火，去除浮沫。为了避免焦锅，一边搅动一边熬制。
5 等整体发亮、变黏稠时，加入柠檬果皮粉和250克砂糖，熬制至黏稠度合适，熄火。
6 装入瓶中，盖好盖子，倒置于室温下散热，冷藏。

+TIP

+如果不喜欢果肉的咀嚼感，想要整体柔滑的口感，可在熬制时，用木勺按压果肉将其捣碎。

黄杏果酱的制作方法

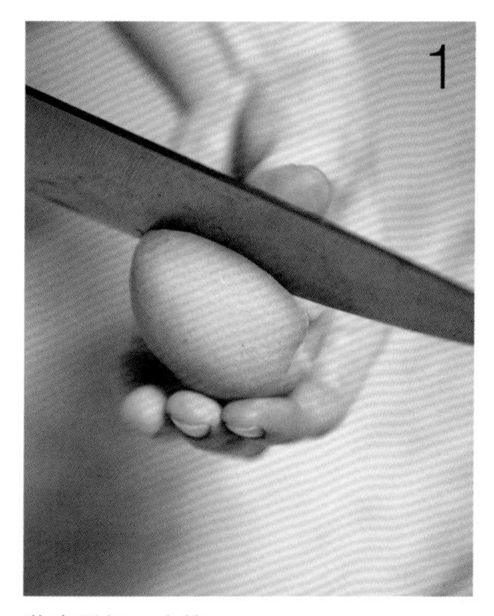

黄杏对切，去核。

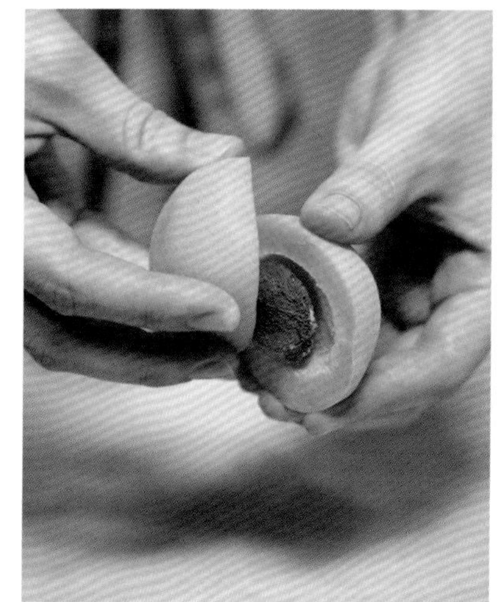

2

连皮切成适当大小。

煮沸后调至小火。

一边去除浮沫一边继续熬制。

等整体发亮、变黏稠时，加入250克砂糖。

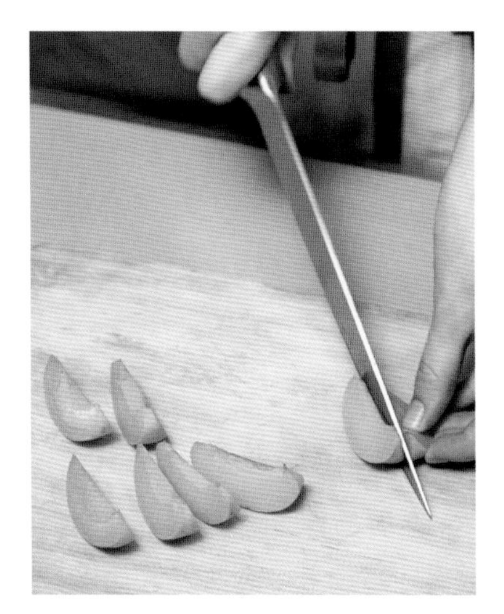

放入锅中，加入250克砂糖混合均匀之后，腌渍30分钟。

等腌出水分后用中火加热。为了避免焦锅，需要不时搅动。

加入柠檬果皮粉混合均匀。

检查黏稠度，合适之后熄火。

趁热装入瓶中放凉。

口感筋道的

柿饼果酱

柿饼400克
红葡萄酒75毫升
砂糖90克
柠檬汁1大匙
桂皮粉1小匙

开封前
冷藏保质6个月

开封后
冷藏保质2～3周

1 柿饼去蒂，去核，切成1厘米宽的竖条，用红葡萄酒腌渍30分钟。
2 将腌渍好的柿饼条和砂糖放入小锅中，一边均匀搅拌一边用中火加热。
3 煮沸后调至小火，去除浮沫。为了避免焦锅，一边搅动一边熬制。
4 等整体发亮、变黏稠时，加入柠檬汁和桂皮粉。检查黏稠度，合适后熄火。
5 趁热装入瓶中，盖好盖子，倒置于室温下放凉，冷藏。

+TIP

+用红葡萄酒腌渍过的柿饼条在榨汁机中打磨后熬制，会制成口感更加柔绵的果酱。
+在柿饼的选择上，半干发软的柿饼比干柿饼口感更加筋道柔软。

● 柿饼果酱的制作方法

柿饼去蒂。

切成适当大小，去核。

放入砂糖，一边均匀搅拌，一边用中火加热。

煮沸后调至小火。为了避免焦锅，一边搅动一边熬制。

放入容器中，倒入红葡萄酒腌渍30分钟。

将腌渍好的柿饼条倒入小锅中。

等整体发亮、变黏稠时，加入柠檬汁。

加入桂皮粉，熬制至黏稠度合适，熄火。

趁热装入瓶中，盖好盖子放凉。

芳香甜蜜的

樱桃李子果酱

樱桃200克
李子400克
砂糖220克
柠檬汁1大匙

开封前
冷藏保质6个月

开封后
冷藏保质1~2周

1 樱桃和李子洗净，以果核为中心，中间入刀划一圈，捏住上下果肉扭动，去除果核。
2 樱桃切4等份，李子切8等份。
3 樱桃和李子放入锅中，加入砂糖混合之后腌渍30分钟。
4 腌出水分之后，用中火加热，煮沸时去除浮沫。为了避免焦锅，一边搅动一边熬制。
5 等整体发亮、变黏稠之后，加入柠檬汁混合。黏稠度合适之后熄火。
6 趁热装入瓶中，盖好盖子，倒置于室温下放凉，冷藏。

+TIP

+准备约占樱桃和李子果肉总重量40%的砂糖。
+墨西哥玉米圆饼上涂抹樱桃李子果酱，上面摆放莫扎瑞拉奶酪和戈贡佐拉干酪，放入烤箱烘烤之后，简单的点心比萨就完成了。
+可单用樱桃或李子，用相同方法制作果酱。

樱桃李子果酱的制作方法

李子去核，切成适当大小。

樱桃去核，切成适当大小。

樱桃和李子放入锅中，加入砂糖混合均匀之后腌渍30分钟。

用中火加热，煮沸后调至小火。一边去除浮沫一边继续熬制。

等整体发亮、变黏稠时，加入柠檬汁混合。检查黏稠度，合适之后熄火。

趁热装入瓶中，盖好盖子放凉。

加入樱桃李子果酱做出来的

薄煎饼

煎饼粉 150克
牛奶50毫升
鸡蛋1个
樱桃李子果酱50毫升
橄榄油少许

1 容器中加入煎饼粉、牛奶、鸡蛋、樱桃李子果酱，用筷子均匀搅打，制成面糊。
2 平底锅用小火加热，刷薄薄的一层橄榄油在锅上。
3 将适量面糊倒入加热的锅里，饼的大小根据个人需求掌握。将两面煎至金黄。

+TIP

+制作面糊时，利用筷子搅打，会减少空气大量进入，可得到高密度、口感筋道的面糊。
+如果鸡蛋小，请使用2个。
+根据个人喜好搭配冰淇淋或樱桃李子果酱。

制作方法

容器中加入煎饼粉、牛奶、鸡蛋、樱桃李子果酱。

用筷子搅打均匀，制成面糊。

平底锅中，倒入适量面糊，摊成想要的大小，烤至两面金黄。

薄煎饼放入盘子里，上面放樱桃李子果酱。

有嚼劲、营养满分的

葡萄干西梅干果酱

葡萄干80克
西梅干8个
朗姆酒4大匙
盐3克
柠檬汁1小匙

开封前
冷藏保质6个月

开封后
冷藏保质2~3周

1 葡萄干和西梅干放入容器中，加入浸没干果的冷水，泡发10分钟左右。
2 将葡萄干和西梅干捞出，沥干水分之后放入耐热容器中，加入朗姆酒和盐混合，包好保鲜膜，用微波炉加热2分钟。
3 揭开保鲜膜，混合均匀之后包好保鲜膜，继续用微波炉加热2分钟。
4 向步骤3的制成品中加入柠檬汁混合之后，倒入榨汁机中轻度打磨，检查黏稠度。如果较稀，在揭开保鲜膜的状态下，再次用微波炉加热，使黏稠度合适。
5 趁热装入瓶中，盖好盖子，倒置于室温下放凉，冷藏。

+TIP

+如果没有朗姆酒，可用等量红葡萄酒替代。
+葡萄干和西梅干非常适合与坚果搭配。可与坚果类果酱混合成综合果酱，或者在面包或薄脆饼干上面涂抹果酱，再摆上坚果，不错的卡纳佩完成了。

●制作方法

葡萄干和西梅干放入容器中，用水泡发。

将泡发的葡萄干和西梅干放入耐热容器中，加入朗姆酒和盐混合后，包好保鲜膜，用微波炉加热2分钟。

加入柠檬汁混合之后，倒入榨汁机中轻度打磨，检查黏稠度。

趁热装入瓶中，盖好盖子，底朝天放凉。

无花果果酱

黄油曲奇

● 无花果果酱的制作方法

无花果干切成适当大小。

无花果干和水放入容器中，倒入白兰地。

加入砂糖混合均匀之后，用中火加热至煮沸。

调至小火，去除浮沫。为了避免焦锅，一边搅动一边熬制。

等整体发亮、变黏稠时，检查黏稠度，合适后熄火。

趁热装入瓶中，盖好盖子放凉。

越嚼越好吃的

无花果果酱

无花果干300克
水300毫升
白兰地2大匙
砂糖120克

开封前
冷藏保质6个月

开封后
冷藏保质2~3周

1 无花果干4等分。

2 将水倒入容器中，加入无花果干和白兰地、砂糖，混合均匀，用中火煮沸。

3 煮沸后调至小火，去除浮沫。为了避免焦锅，一边搅动一边熬制。

4 等整体发亮、变黏稠之后，检查黏稠度，合适后熄火。

5 趁热装入瓶中，盖好盖子，倒置于室温下放凉，冷藏。

+TIP

+如果使用鲜无花果，准备300克。去掉白色部分的皮，切成1厘米见方的小块放进小锅里，混合120克砂糖腌渍，腌出水分之后加热。等整体发亮、变黏稠时加入1大匙柠檬汁，熬至黏稠度合适之后熄火。

● 黄油曲奇的制作方法

向置于室温下变柔软的黄油中加入砂糖，搅拌均匀。

加入鸡蛋黄和香草油混合均匀。

将面粉过筛加入其中，混合均匀之后制成面团。

在冷藏室醒好的面团，用擀面杖薄薄推开，用饼干模压印。

曲奇中心用汤匙轻轻按压，形成一个小圆槽。

放入无花果果酱之后，用烤箱烘烤。

●●●●●

加了无花果果酱的

黄油曲奇

加盐黄油70克
砂糖60克
鸡蛋黄1个
香草油$^1/_2$小匙
面粉（低筋面粉）160克
无花果果酱1大匙

1 黄油置于室温下变柔软之后，分2次放入砂糖均匀搅拌。

2 加入鸡蛋黄和香草油，均匀混合之后，将面粉过筛加入其中，轻轻搅拌。

3 揉成面团之后，装入塑料袋子里，在冷藏室醒30分钟。

4 在撒有少许面粉的砧板上用擀面杖将醒好的面团擀成5毫米厚，用自己喜欢的饼干模压出造型。

5 将步骤4的制成品放在烤盘上，用汤匙压曲奇的中心部分，利用勺子或裱花袋在上面放无花果果酱。

+TIP

+在使用无盐黄油时，加入2克的盐。
+要想做出脆口的曲奇，请避免长时间揉面。
+果酱遇热会发胀，因此尽量少加果酱。除了无花果果酱，也可以使用其他果酱。

柔滑清香的果泥

牛油果腰果果酱

牛油果1个
腰果50克
酸橙汁1/2大匙
酱油1小匙
胡椒粉少许

开封前
冷藏保质6个月

开封后
冷藏保质1~2周

1 牛油果竖着划开对切，去核之后去皮，切成适当大小。

2 腰果用研磨机打成粉。

3 牛油果和腰果粉放入容器中搅拌均匀，加入酸橙汁和酱油、胡椒粉，搅拌至牛油果成泥状。

4 装入瓶中，盖好盖子冷藏。

+TIP

+选用成熟的牛油果。如果没有酸橙汁，可用柠檬汁代替。
+搅拌时根据个人口感，调整牛油果颗粒的大小。
+牛油果和苹果一样，遇到空气会氧化成褐色。制作果酱时，情况也一样，可以直接使用，如果感觉不好，可将氧化部分刮去再使用。

牛油果腰果果酱的制作方法

牛油果竖向入刀，划开。

用手掰开。

用刀将果核取出。

牛油果放入容器中，加入用研磨机制成的腰果粉，均匀搅拌。

加入酸橙汁和酱油、胡椒粉混合均匀。

去皮。

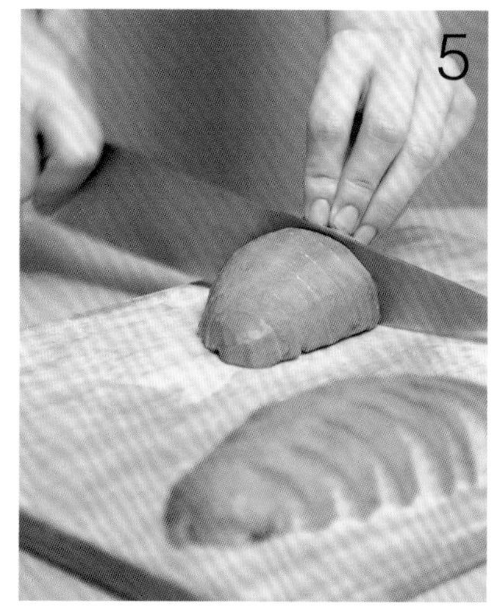

切成适当大小。

搅拌至牛油果成泥状。

装入瓶中，盖好盖子。

清新的浆果和甜甜的巧克力搭档

浆果巧克力果酱

各种冷冻浆果500克
砂糖250克
黑巧克力100克

开封前
冷藏保质6个月

开封后
冷藏保质1~2周

1 将各种冷冻浆果放入小锅中，加入砂糖混合均匀之后，腌渍30分钟。
2 用中火加热，煮沸后调至小火。加入黑巧克力，继续熬制。
3 去除浮沫之后，为了避免焦锅，一边搅动一边熬制。等整体发亮、变黏稠时，检查黏稠度，合适后熄火。
4 趁热装入瓶中，盖好盖子，倒置于室温下放凉，冷藏。

+TIP

+各种浆果可在冷冻状态下直接使用。
+选用可可含量在70%的黑巧克力。块状巧克力需切碎使用。

制作方法

各种冷冻浆果和砂糖放入小锅中混合均匀后，腌渍30分钟。

为了避免焦锅，一边搅动一边用中火煮沸。

调至小火之后，加入黑巧克力，继续熬制。

等整体发亮、变黏稠时，检查黏稠度，合适后熄火。

2 用特殊材料制作的果酱

除了水果之外，还有多种材料可以用来制作果酱。
各种蔬菜、谷类以及坚果类、咖啡和茶等食材，
可以制作出水果果酱以外的独特风味。
也会呈现很多可以与点心和料理搭配的居家手工制作配方。

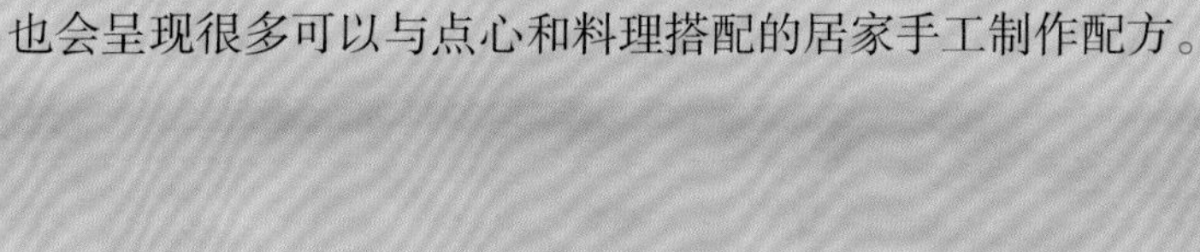

西红柿酸辣酱

圣女果果酱

圣女果果酱的制作方法

圣女果用刀划开，放入沸水中焯一下。

焯好的圣女果泡入冷水中，去皮。

圣女果和砂糖放入小锅中加热。

去除浮沫之后，一边用木勺捣碎圣女果一边熬制。

等整体发亮、变黏稠时，加入柠檬汁混合。检查黏稠度，合适之后熄火。

趁热装入瓶中，盖好盖子放凉。

滑溜溜、色泽美丽的

圣女果果酱

圣女果400克
砂糖120克
柠檬汁1大匙

开封前
冷藏保质6个月

开封后
冷藏保质1~2周

1 圣女果头部用刀划开，在沸水中焯2~3秒后，泡入冷水中，去皮。
2 圣女果和砂糖放入小锅中，用中火一边加热一边去除浮沫。煮沸后调至小火。
3 用木勺捣碎圣女果。为了避免焦锅，一边搅动一边熬制。
4 等整体发亮、变黏稠时，加入柠檬汁混合。检查黏稠度，合适之后熄火。
5 趁热装入瓶中，盖好盖子，倒置于室温下放凉，冷藏。

+TIP

+使用黄色、朱黄等各色圣女果，可制作出色彩各异的圣女果果酱。
+准备占圣女果重量30%的砂糖。
+如果喜欢不带颗粒的柔滑口感，可用榨汁机打磨之后加热。

西红柿酸辣酱的制作方法

西红柿用刀划开十字口，焯水之后，泡入冷水中，去皮。

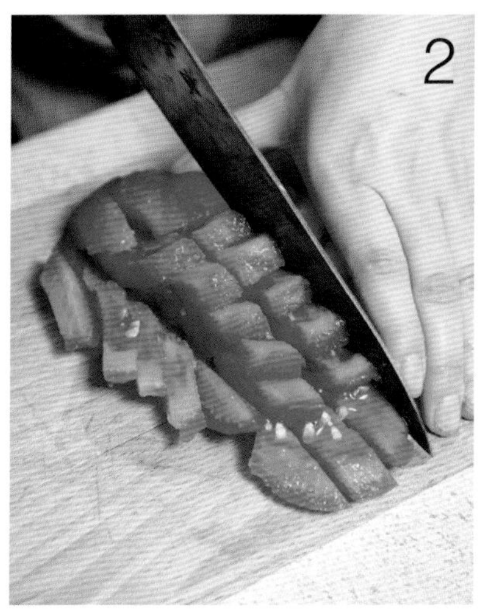

西红柿切成适当大小。

所有食材放入小锅中，用中火加热。

煮沸后调至小火。为了避免焦锅，一边搅动一边熬制。

检查黏稠度，合适之后熄火。

趁热装入瓶中，盖好盖子放凉。

酸酸甜甜、富有异国情调的

西红柿酸辣酱

西红柿2个
（300~350克）
洋葱1/2个
黑橄榄10个
蒜4瓣
生姜1/2块
荷兰芹末1小匙
苹果醋1/2杯
辣椒面1/3小匙
砂糖1/4杯
胡椒粉1/2小匙

开封前
冷藏保质6个月

开封后
冷藏保质1~2周

1 西红柿用刀划开十字口，在开水中泡30秒，再放入冷水中，去皮。切成1厘米见方的小块。
2 洋葱和黑橄榄粗粗地切碎，蒜切片，生姜用刨丝器刨成末。
3 所有食材放入小锅中，用中火加热。煮沸后调至小火。为了避免焦锅，一边搅动一边熬制。
4 检查黏稠度，合适后熄火。
5 趁热装入瓶中，盖好盖子，倒置于室温下放凉，冷藏。

+TIP

+西红柿瓤会产生大量水分，做出来的酱质感较稀。如果需要较稠的质感，请去掉西红柿瓤的部分。

爽口又香甜的

柿子椒果酱

红色、黄色柿子椒各1个（各约150克）
砂糖90克
白葡萄酒1大匙
柠檬汁1小匙

开封前
冷藏保质6个月

开封后
冷藏保质1~2周

1 柿子椒洗净沥干水分后，对切去蒂，去掉籽和芯，切成1厘米见方的小块。
2 柿子椒和砂糖放入小锅中混合均匀，腌渍1小时。
3 腌出水分之后，用中火加热，等柿子椒熟到透明时熄火。
4 倒入榨汁机中打成浆，再次倒入小锅中，加入白葡萄酒混合之后，一边搅动一边用小火加热。
5 等整体发亮、变黏稠时，加入柠檬汁混合。检查黏稠度，合适之后熄火。
6 趁热装入瓶中，盖好盖子，倒置于室温下放凉，冷藏。

+TIP

+准备约占柿子椒重量30%的砂糖。如果没有白葡萄酒，可以省略。

柿子椒果酱的制作方法

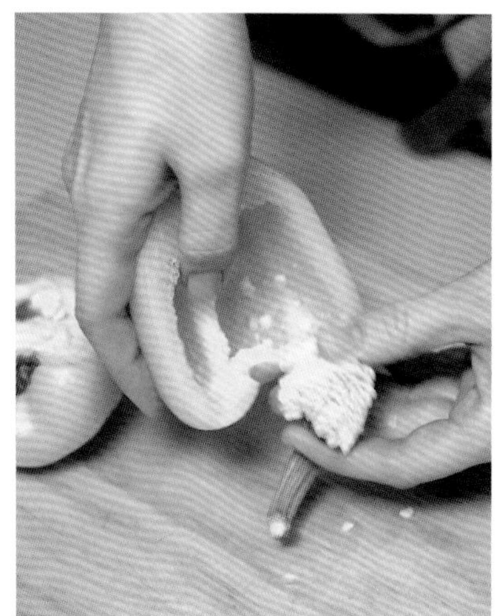

柿子椒对切，去蒂之后去掉籽和芯。

2

切成适当大小。

倒入榨汁机中打成浆。

再次倒入小锅中，加入白葡萄酒混合之后，一边搅动一边用小火加热。

柿子椒和砂糖放入小锅中，混合均匀之后腌渍1小时。

用中火加热，煮至柿子椒变透明为止。

等整体发亮、变黏稠时，加入柠檬汁混合。

检查黏稠度，合适之后熄火。

趁热装入瓶中，盖好盖子放凉。

能嚼出胡萝卜颗粒的

胡萝卜苹果果酱

胡萝卜、苹果各1个（各约250克）
水$^1/_4$杯
柠檬汁1大匙
砂糖200克

开封前
冷藏保质6个月

开封后
冷藏保质1~2周

1 胡萝卜去皮，苹果去皮去核，切成适当大小。

2 胡萝卜和苹果、水、柠檬汁倒入榨汁机中打碎。

3 将打好的材料倒入小锅中，加入砂糖，混合均匀。用中火加热，煮沸后调至小火。去除浮沫。为了避免焦锅，一边搅动一边熬制。

4 等整体发亮、变黏稠时，检查黏稠度，合适后熄火。

5 趁热装入瓶中，盖好盖子，倒置于室温下放凉，冷藏。

+TIP

+加入1大匙桂皮粉，可享受馨香浓厚的风味。
+用胡萝卜苹果果酱制作奶油蛋糕，能散发出幽幽的香气。

胡萝卜苹果果酱的制作方法

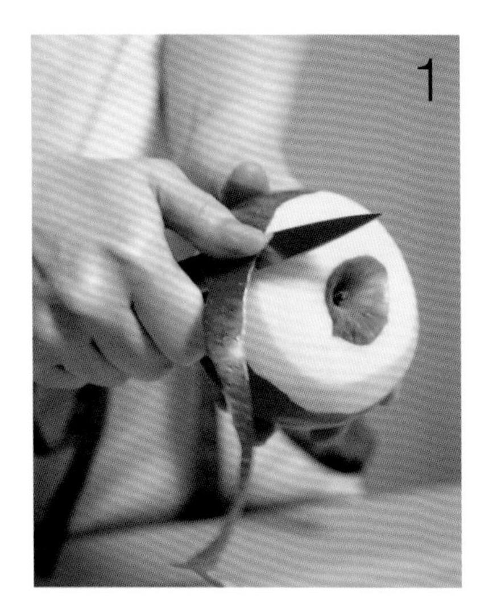

苹果去皮去核之后，切成适当大小。

2

胡萝卜去皮，切成适当大小。

打好的材料和砂糖倒入小锅中，用中火加热。

胡萝卜和苹果、水、柠檬汁倒入榨汁机中打碎。

煮沸后调至小火。为了避免焦锅，一边搅动一边熬制。

等整体发亮时，检查黏稠度，合适之后熄火。

趁热装入瓶中，盖好盖子放凉。

西红柿咖喱虾

洋葱酱

洋葱酱的制作方法

洋葱和蒜切碎。

小锅中浇淋橄榄油和黄油，加入洋葱和蒜翻炒。

等洋葱变得透明时，加入砂糖和盐、胡椒粉进行混合。等砂糖熔化，加入水、柠檬汁。

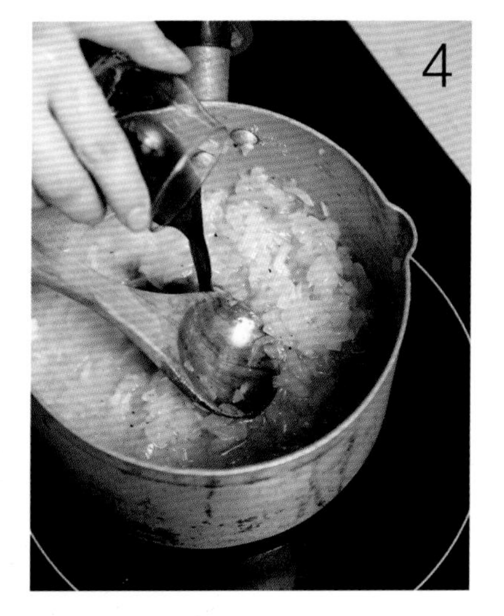

加入白兰地，用小火熬制。

整体变黏稠时熄火，加入桂皮粉混合均匀。

趁热装入瓶中，盖好盖子放凉。

活用于各种料理的

洋葱酱

洋葱2个
蒜1瓣
黄油1大匙
橄榄油2大匙
砂糖80克
盐$^{1}/_{4}$小匙
胡椒粉少许
水50毫升
柠檬汁1小匙
白兰地1大匙
桂皮粉少许

开封前
冷藏保质6~12个月

开封后
冷藏保质2~3周

1 洋葱和蒜切碎。
2 黄油和橄榄油倒入小锅中，加入洋葱和蒜用中火翻炒。
3 等洋葱变得透明，加入砂糖和盐、胡椒粉混合。等砂糖熔化，加入水、柠檬汁、白兰地用小火熬制1小时左右。
4 等整体变黏稠时熄火，加入桂皮粉混合。
5 趁热装入瓶中，盖好盖子，倒置于室温下放凉，冷藏。

+TIP

+使用紫色洋葱，可制成紫色洋葱酱。
+洋葱酱和猪肉非常搭配。炖猪排或做酱菜时用洋葱酱替代砂糖，在除去肉类特有的腥味之外，洋葱的甜味还可加深料理的风味。

西红柿咖喱虾的制作方法

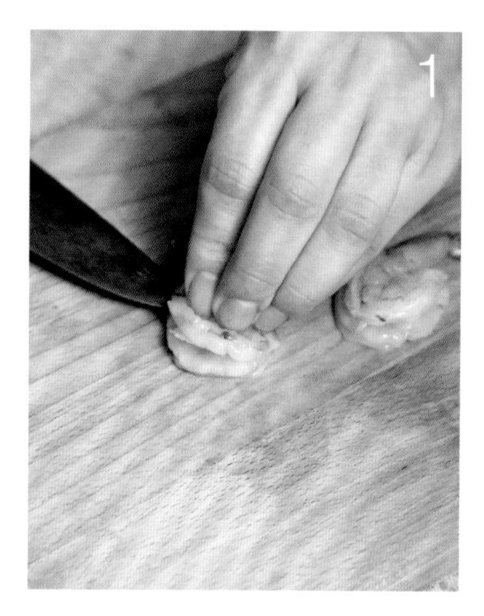

在基围虾背部纵向用刀划开。

在加热的平底锅中翻炒蒜片和洋葱，加入土豆和南瓜、基围虾继续翻炒。

加入咖喱粉翻炒。

等土豆和南瓜炒至金黄时，加入西红柿罐头并煮开。

煮沸后加入洋葱酱和盐、胡椒粉，再次煮开。

加入洋葱酱、风味加倍的

西红柿咖喱虾

土豆1个
南瓜$^1/_6$个
蒜2瓣
洋葱1个
基围虾8只
（约350克）
橄榄油少许
咖喱粉2大匙
西红柿罐头1罐
洋葱酱1大匙
盐1小匙
胡椒粉少许

1 土豆和南瓜去皮，切成1厘米见方的小块。
2 蒜和洋葱切成粗末，在基围虾背部纵向划开。
3 加热的平底锅里浇淋橄榄油，加入蒜翻炒。等炒出香味，加入洋葱翻炒。
4 炒至洋葱变透明，加入基围虾和土豆、南瓜翻炒，再加入咖喱粉。
5 土豆和南瓜炒至金黄时，加入西红柿罐头，用中火加热。
6 煮沸后加入洋葱酱和盐、胡椒粉，继续加热。

+TIP

+除了土豆、南瓜之外，时令蔬菜或冰箱中的边角料蔬菜也可以使用。

芳香和甜蜜相伴的

南瓜酱

南瓜250克
红糖100克
牛奶50毫升
无盐黄油30克
桂皮粉1小匙

开封前
冷藏保质6个月

开封后
冷藏保质2~3周

1 南瓜去皮去籽之后，切成大块，放入耐热容器中，包好保鲜膜，用微波炉加热5分钟。
2 南瓜和红糖、牛奶放入小锅中混合之后，用中火加热。
3 煮沸后调至小火。为了避免焦锅，一边搅动一边熬制。
4 等整体发亮、变黏稠时，加入无盐黄油和桂皮粉均匀搅拌。检查黏稠度，合适后熄火。
5 趁热装入瓶中，盖好盖子，倒置于室温下放凉，冷藏。

+TIP

+将条状年糕煎至金黄，蘸南瓜酱食用。年糕清淡的口味和南瓜酱香而甜的口感十分搭配，是非常美味的点心。
+南瓜酱可作为各种派或乳蛋饼等带馅食物的馅料使用。

南瓜酱的制作方法

南瓜去皮去籽。

南瓜切成大块。

南瓜装入耐热容器中，包好保鲜膜，用微波炉加热。

煮沸后调至小火，为避免焦锅，一边搅动一边熬制。

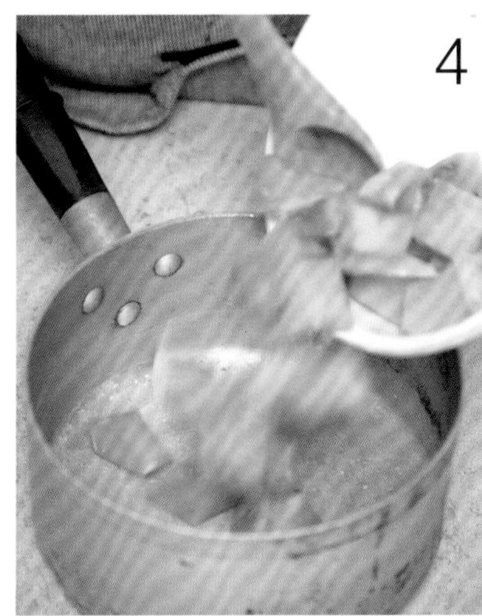

南瓜和红糖、牛奶放入小锅中，混合均匀之后用中火加热。

等整体发亮、变黏稠时，加入无盐黄油和桂皮粉。

检查黏稠度，合适之后熄火 。

趁热装入瓶中，盖好盖子放凉。

红薯焦糖酱

栗子酱

栗子酱的制作方法

栗子放入小锅中，倒入充足的水，放入少量盐加热。

煮熟的栗子只取栗子肉放入耐热容器中。

加入枫糖浆和水混合均匀。

包好保鲜膜，用微波炉加热7分钟。

用手动榨汁机打成泥状，不使用保鲜膜直接放进微波炉里加热5分钟。

趁热装入瓶中，盖好盖子，倒置于室温下放凉，冷藏。

用微波炉轻松制作的

栗子酱

栗子500克
盐少许
枫糖浆150克
水300毫升

开封前
冷藏保质6个月

开封后
冷藏保质2~3周

1. 栗子洗净放进小锅中，倒入充足的水，加少许盐，盖好盖子，用大火煮30~40分钟。
2. 熟栗子对切，用勺子只挖取栗子肉放进耐热容器中。
3. 加入枫糖浆、水（200毫升）搅拌之后包好保鲜膜，用微波炉加热7分钟。
4. 用手动榨汁机打成泥状，不使用保鲜膜直接放进微波炉里加热5分钟。
5. 检查黏稠度，如果过稠，加入适量的水，不使用保鲜膜直接放进微波炉里加热5分钟。
6. 趁热装入瓶中，盖好盖子，倒置于室温下放凉，冷藏。

+TIP

+栗子除了煮熟，还可以用铝箔纸裹好，放进预热至200℃的烤箱里烤熟，制作出加倍芳香的烤栗子酱。
+在煮栗子前，将栗子在水中浸泡1小时以上，有蛀虫的或烂栗子会浮到水面，方便挑选。
+如果没有枫糖浆，可用等量砂糖代替。

红薯焦糖酱的制作方法

制作焦糖奶油用的砂糖和水放入小锅中，煮至颜色变深，加入生奶油搅拌均匀制成焦糖奶油。

红薯去皮切成适当大小。

红薯和砂糖、水放入小锅中搅拌均匀。

盖好盖子，用小火煮熟。

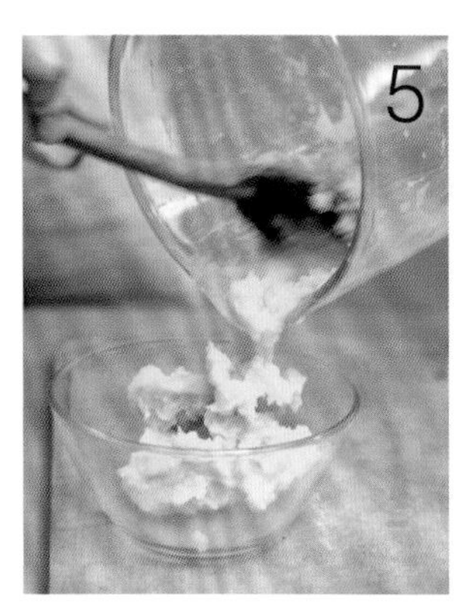

用榨汁机打成泥。

小锅中加入红薯泥和40克焦糖奶油搅拌均匀。

为了避免焦锅，一边搅动一边用小火加热。

检查黏稠度，合适之后熄火。趁热装入瓶中，盖好盖子放凉。

浓郁又甜蜜的

红薯焦糖酱

红薯150克
砂糖50克
水100毫升
焦糖奶油（砂糖4大匙，水1大匙，生奶油100毫升）

开封前
冷藏保质6个月

开封后
冷藏保质2~3周

1 将制作焦糖奶油用的砂糖和水放入小锅中，边轻轻晃动边加热，至整体颜色均匀变深。
2 加入生奶油混合均匀，制成焦糖奶油。
3 红薯用流水冲洗干净，去皮，切成1厘米见方的小块。
4 红薯和砂糖、水放入小锅中混合均匀，盖好盖子，用小火煮熟。
5 将煮好的红薯用榨汁机打成泥，再次倒入小锅中，加入40克焦糖奶油混合均匀。为了避免焦锅，一边搅动一边用小火加热。
6 检查黏稠度，合适之后熄火。
7 趁热装入瓶中，盖好盖子，倒置于室温下放凉，冷藏。

+TIP

+少量的焦糖奶油不方便制作，最好一次做足，剩余的用于其他地方。根据配料表，可以制作100克左右。用于红薯焦糖酱的分量只需40克左右。

满嘴芳香的

黑芝麻豆粉膏

黑芝麻100克
黄油、豆粉各50克
砂糖30克
炼乳100克
牛奶50毫升

开封前
冷藏保质2~3个月

开封后
冷藏保质1周

1 黑芝麻用石臼捣碎或用研磨机磨成粉。
2 黄油在室温下变柔软之后与50克黑芝麻粉混合，变黏稠之后再分别加入50克黑芝麻粉和豆粉进行混合。
3 加入砂糖和炼乳、牛奶进行混合。
4 等整体混合均匀之后，装入瓶中，盖好盖子冷藏。

+TIP

+使用红糖，更能加深黑色。
+增加或减少牛奶量，可调出需要的黏稠度。

制作方法

准备适量材料。

黑芝麻用石臼捣碎或用研磨机磨成粉。

将黑芝麻粉和黄油、豆粉混合均匀。

加入砂糖和炼乳、牛奶混合均匀之后，装入瓶中。

奶酪面包
花生核桃酱

清香醉人的

花生核桃酱

炒花生、炒核桃各100克
砂糖、蜂蜜各50克
牛奶200毫升

开封前
冷藏保质6个月

开封后
冷藏保质2~3周

1 花生和核桃放进研磨机中打成粉末。
2 放入小锅中，加入砂糖和牛奶用大火加热。
3 煮沸后调至小火。为了避免焦锅，一边搅动一边熬制。
4 等整体发亮、变黏稠之后，检查黏稠度，合适之后熄火。加入蜂蜜混合均匀。
5 趁热装入瓶中，盖好盖子，倒置于室温下放凉，冷藏。

+TIP

+在吃剩的面包或三明治、边角料面包等上面抹匀花生核桃酱，用预热至180℃的烤箱烤10分钟，烤面包就做好了。
+可根据个人喜好加入桂皮粉。

花生核桃酱的制作方法

准备适量材料。

花生和核桃用研磨机打成粉末后放入小锅中。

加入砂糖和牛奶，用大火加热。

煮沸后调至小火。为了避免焦锅，一边搅动一边熬制。

等整体发亮时，检查黏稠度，合适后熄火。

加入蜂蜜混合均匀之后，装入瓶中，盖好盖子放凉。

涂了花生核桃酱的

奶酪面包

吐司1块
香蕉$^1/_2$个
花生核桃酱1大匙
莫扎瑞拉奶酪适量

1 吐司切3等份。
2 香蕉去皮，切成5毫米厚的圆片。
3 吐司上面涂抹花生核桃酱，上面放香蕉片，再放莫扎瑞拉奶酪。
4 用微波炉或烤箱烤至奶酪熔化为止。

+TIP
+可加入桂皮粉或巧克力糖浆，也非常美味。

制作方法

准备适量材料。

3等分的吐司上面涂抹花生核桃酱。

上面摆放适当厚度的香蕉片，放莫扎瑞拉奶酪。

烤至奶酪熔化之后，摆齐装盘。

使用广泛的

红豆酱

红豆200克
砂糖200克
盐1~2克

开封前
冷藏保质6个月

开封后
冷藏保质2~3周

1 红豆泡1天后用筛网沥干水分。
2 红豆放入小锅中，加水，没过红豆即可。用中火加热，等煮沸时加入1杯水继续煮5分钟。然后将红豆用筛网盛出，用流水轻轻冲洗。
3 洗后的红豆再次倒入小锅中，加入刚好没过红豆的水。用中火加热，等煮沸时加入1杯水继续煮10分钟。再将红豆用筛网盛出，用流水轻轻冲洗。
4 洗后的红豆再次倒入小锅中，加入刚好没过红豆的水。用中火加热至沸腾，去除浮沫，然后少量多次加水，继续煮30分钟。
5 等红豆软烂，放入砂糖和盐一边混合一边将红豆压碎。
6 等整体发亮、变黏稠时，检查黏稠度，合适之后熄火。趁热装入瓶中。

+TIP

+红豆酱可替代红豆羊羹用于料理，到了夏季还可以放在沙冰上面食用。

红豆酱的制作方法

红豆用充足的水浸泡1整天。

泡发的红豆用筛网沥干水分。

红豆放入小锅中，倒入刚好没过红豆的水，用中火加热。

红豆用流水冲洗。

用刚好没过红豆的水加热。煮沸后去除浮沫。然后少量多次加水，继续将红豆煮烂。

一边将红豆捣碎一边加入砂糖、盐。

煮沸时加入1杯水继续煮5分钟。

红豆用流水轻轻冲洗。

红豆再次倒入锅中，加入刚好没过红豆的水开始煮。煮沸时加入1杯水继续煮10分钟。

边加热边搅拌均匀。

等整体发亮时检查黏稠度，合适之后熄火。

趁热装入瓶中，盖好盖子放凉。

辛辣和清爽共舞的

蒜蓉柠檬酱

蒜1头
柠檬1个
蜂蜜200克

开封前
冷藏保质6个月

开封后
冷藏保质2~3周

1 蒜去皮去蒂后洗净。
2 用小苏打水浸泡柠檬，然后将柠檬洗净去皮。将皮切成丝，果肉榨汁。
3 小锅中倒入充足的水，加入蒜煮至蒜发软。然后将蒜用筛网沥干水分，捣碎。
4 捣碎的蒜放入小锅中，加入蜂蜜、柠檬皮、柠檬汁，用小火加热。为了避免焦锅，一边搅动一边熬制。
5 等整体发亮、变黏稠时，检查黏稠度，合适后熄火。
6 趁热装入瓶中，盖好盖子，倒置于室温下放凉，冷藏。

+TIP

+使柠檬榨出更多汁液的方法为，将柠檬果肉在砧板上多次滚动后对切、榨汁。
+煮蒜时，中途换两次水，可以去除蒜的辣味。

蒜蓉柠檬酱的制作方法

蒜去皮去蒂。

柠檬去皮之后，将皮切成丝，果肉榨汁。

蒜用筛网沥干水分后捣碎。

捣碎的蒜放入小锅中。

加入蜂蜜和柠檬皮、柠檬汁，一边搅动一边用小火加热，避免焦锅。

将蒜放入小锅，倒入充足的水煮至蒜发软。

等整体发亮、变黏稠时，检查黏稠度，合适之后熄火。

趁热装入瓶中，盖好盖子放凉。

生姜酱

鸡排

生姜酱的制作方法

生姜连皮切成适当大小。

放入研磨机中打成末。

打好的生姜末放入耐热容器中。

加入红糖和蜂蜜混合均匀。

包好保鲜膜，用微波炉加热5分钟。

加入柠檬汁混合均匀之后，不用保鲜膜放入微波炉中，加热3分钟之后检查黏稠度。

趁热装入瓶中，盖好盖子放凉。

灵活的料理沙司

生姜酱

生姜150克
红糖100克
蜂蜜50克
柠檬汁 $^{1}/_{2}$ 大匙

开封前
冷藏保质6个月

开封后
冷藏保质2~3周

1 生姜用流水洗净，连皮切成1厘米见方的小块，用研磨机打成末。
2 打好的生姜末放进耐热容器中，加入红糖和蜂蜜混合均匀之后，包好保鲜膜，用微波炉加热5分钟。
3 加入柠檬汁混合均匀，不用保鲜膜，用微波炉加热3分钟。
4 检查黏稠度。
5 趁热装入瓶中，盖好盖子，倒置于室温下放凉，冷藏。

+TIP

+生姜可用研磨机打成末或者用刨丝器刨成末。
+在使用微波炉之后，用抹布将微波炉内的水蒸气拭干。将微波炉的门打开，排掉生姜气味。

鸡排的制作方法

鸡腿肉用盐和胡椒粉调味。

浇淋了橄榄油的平底锅中加入蒜片煎烤，加入鸡腿肉盖好盖子蒸烤。

鸡腿肉烤至金黄时取出。

平底锅中加入水、清酒 、酱油、生姜酱搅拌均匀，制成生姜酱调味料。

加入烤鸡腿肉，一边浇淋生姜酱调味料一边煎烤。

●●●●●

涂了生姜酱的

鸡排

鸡腿肉两三块
鸡腿肉调料（盐、胡椒粉各少许）
蒜1瓣
橄榄油少许
水1大匙
清酒2大匙
酱油3大匙
生姜酱1大匙

1 用盐和胡椒粉为鸡腿肉调味。
2 蒜切薄片。
3 浇淋了橄榄油的平底锅里加入蒜片，用中火煎烤。
4 等蒜片变黄，加入鸡腿肉，将皮朝下放置，盖好盖子蒸烤。
5 鸡腿肉的一面烤到金黄时，翻面煎烤，之后只取出鸡腿肉。
6 平底锅中加入水、清酒、酱油、生姜酱混合均匀，制成生姜酱调味料。
7 烤鸡腿肉再次放入平底锅，一边浇淋生姜酱调味料一边收汁。

+TIP

+除了鸡肉，可用牛肉或猪肉，一样美味。

咖啡酱
加央酱
红茶牛奶酱

加央酱的制作方法

鸡蛋打入容器中，在避免产生泡沫的情况下搅打。

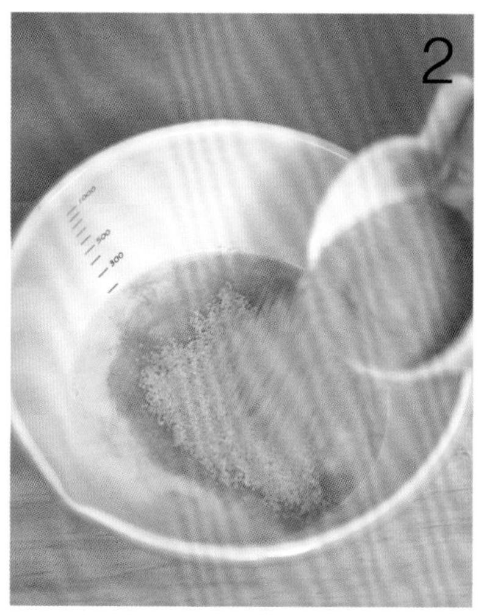

放入红糖，均匀混合，注意避免产生泡沫。

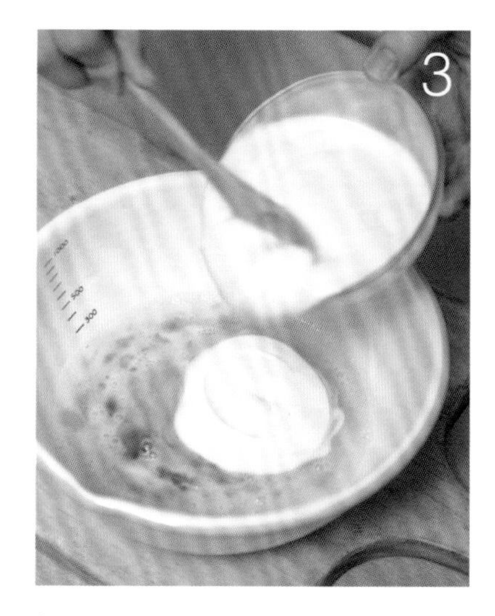

加入可可乳。

混合好的材料倒入小锅中，一边搅动一边用小火加热，注意避免焦锅。

加热至变黏稠，检查黏稠度，合适后熄火。

不一样的香甜魅力

加央酱

鸡蛋2个
红糖80克
可可乳200毫升

开封前
冷藏保质6个月

开封后
冷藏保质1~2周

1 鸡蛋打入容器中，搅打时注意不要产生泡沫。
2 加入红糖，在不产生泡沫的前提下混合均匀，之后倒入可可乳混合 。
3 倒入小锅中，为了避免焦锅，用小火一边加热一边搅动。
4 加热至黏稠之后检查黏稠度，合适后熄火 。
5 趁热装入瓶中，盖好盖子，倒置于室温下放凉，冷藏。

+TIP

+可用加央酱制作新加坡国民点心加央烤面包。在吐司上面涂加央酱，放3毫米厚的黄油切片和奶酪片，再用涂抹加央酱的吐司盖住，用擀面杖压平。切掉边料之后，用180℃预热的烤箱或面包机烤至金黄。

咖啡酱的制作方法

鸡蛋打入容器中，搅打，注意不要产生泡沫。

少量多次加入熔化的黄油，一边添加一边混合均匀。

加入红糖混合。

用筛网过滤。

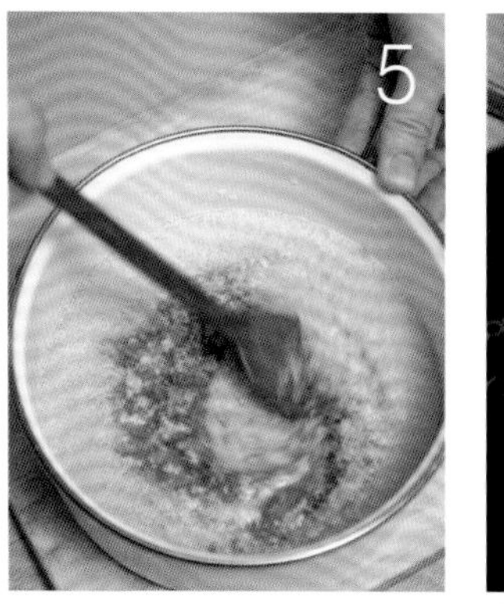

加入咖啡混合均匀。

6

倒入小锅中，用小火加热。为了避免焦锅，一边搅动一边熬制。

等整体变黏稠之后加入巧克力片混合。检查黏稠度，合适之后熄火 。

充满咖啡和巧克力香气的

咖啡酱

鸡蛋2个
无盐黄油100克
红糖105克
荷兰式咖啡（或黑咖啡）3大匙
巧克力片5克

开封前
冷藏保质6~12个月

开封后
冷藏保质2~3周

1 鸡蛋打入容器中，搅打时注意不要产生泡沫。

2 黄油用微波炉加热30秒至熔化。

3 鸡蛋液中少量多次加入熔化的黄油，混合均匀之后加入红糖，再次混合均匀。用筛网过滤。

4 加入咖啡混合均匀之后，倒入小锅中，为了避免焦锅，一边搅动一边用小火加热。

5 等整体变黏稠之后加入巧克力片混合。检查黏稠度，合适之后熄火 。

6 趁热装入瓶中，盖好盖子，倒置于室温下放凉，冷藏。

+TIP

+让我们用咖啡酱制作提拉米苏吧：300克奶油奶酪中加入70克砂糖、200克纯酸奶混合。加入搅拌好的300克生奶油，奶酪生奶油完成了。
铺好蜂蜜蛋糕，上面放咖啡酱、奶酪生奶油。再铺一层蜂蜜蛋糕，放奶酪生奶油之后铺蜂蜜蛋糕。最后放咖啡酱，撒上可可粉，完成！

红茶牛奶酱的制作方法

准备适量材料。

牛奶和红糖放入小锅中，一边用中火加热一边去除浮沫。

煮沸后调至小火，加入红茶叶。

煮制3~5分钟制作奶茶。

捞出茶叶。

为了避免焦锅，一边搅动一边收汁。检查黏稠度，合适之后熄火。

趁热装入瓶中，盖好盖子放凉。

柔滑幽香的

红茶牛奶酱

牛奶500毫升
红糖100克
红茶叶5克

开封前
冷藏保质6个月

开封后
冷藏保质1~2周

1 牛奶和红糖放入小锅中，用中火一边加热一边去除浮沫。
2 煮沸后调至小火。加入红茶叶之后煮制3~5分钟，制作奶茶。
3 捞出茶叶。为了避免焦锅，一边搅动一边加热。检查黏稠度，合适之后熄火。
4 趁热装入瓶中，盖好盖子，倒置于室温下放凉，冷藏。

+TIP

+如果没有红茶叶，可使用红茶包。
+用牛奶冲调红茶牛奶酱，即可享用香醇的奶茶。
+在薄煎饼上面用红茶牛奶酱代替枫糖浆，红茶牛奶酱柔滑芳香的甜味，可以让人品尝到不同风味的煎饼。

3

制作果酱的窍门

本部分将介绍决定果酱最终口味的优质材料的选择方法，
以及制作果酱时必备的基本材料的特征，
挑选储藏容器的窍门等。
敬请关注送礼用手工果酱的创意包装法。

食材挑选

想要制作出美味的果酱，最关键在于挑选品质优良的水果和蔬菜等主材料。大家普遍认为果酱是用放久的水果、蔬菜等材料制作的，事实上这是错误的观点。

考虑到果酱的味道和保质期限，必须选择新鲜的材料。制作美味又新鲜的果酱，最好选用应季的新鲜材料。含果胶的水果，如果不够熟或过熟，都会降低果胶的含量，为此必须挑选适度成熟的水果。如果有擦伤或发软的材料，请将这些不好的部分去掉，只选用新鲜的部分，这就是延长果酱储藏期的窍门。

草莓和浆果类

挑选不发软、色泽鲜艳的果实。如果是制作保留原形态的蜜饯类果酱，就需挑选果肉相似的果实。

橙子和柑橘类

皮薄而结实，相似尺寸稍重的果实含有更多果汁。如果制作带皮果酱，需选用表皮没有擦伤的果实。

葡萄类

最好挑选果粒均匀饱满的。果粒表面带的白色粉末，是由糖分渗出表皮凝固形成的，为此白色的粉末越多，表明葡萄越新鲜。一串葡萄中，上面部分的葡萄偏甜，越往下酸味越强。在选用时，试吃葡萄串最下面的葡萄也是不错的办法。

苹果

用手触摸时，手感结实，分量足，表皮呈深色不带伤痕的为新鲜苹果。尤其是苹果底部的蒂为红色的为优质苹果。

梨

不带青色，带有梨固有的点点花纹，表皮干净和水分足的为优质梨。

香蕉

表皮带黑斑点的为全熟的香蕉。如果购买了黄颜色香蕉，需放在室温下至产生黑色斑点。

洋葱和蒜

选择根须很多的。用手触摸时手感结实，特别是蒂部收紧，表皮色浓发亮，有分量的为新鲜的洋葱和蒜。

芒果

表面干净、香味浓郁的为优质芒果。避开表皮带斑点、伤痕和发软的芒果。轻压芒果表面，富有弹性的为优质芒果。

牛油果

最好选择分量重的牛油果。用手指按压时，不会轻易下陷，富有弹性和结实的为优质牛油果。

西红柿

表面开裂或发皱的西红柿不新鲜。颜色深而均匀发亮，果实富有弹性的为新鲜西红柿。需挑选蒂部发绿的新鲜西红柿。

坚果类

脂肪氧化的坚果口感差，会产生致癌物质，因此要避开存放时间过长、散发霉味的坚果。挑选花生时，选择花生壳不破碎，壳内层呈白色的。壳薄、表面凹凸的核桃更好吃。

甜味剂

砂糖增加果酱的黏稠度，起着提升储藏性能的作用。水果所含的糖分为10%左右，为了补充甜味，需使用砂糖。砂糖分很多种类，不同种类的味道和甜度有所不同，可根据个人喜好适当增减用量。除此之外，可用蜂蜜或枫糖浆、炼乳等材料制作风味各异的果酱。

粗砂糖 是颗粒细微的砂糖，纯度较好，颗粒较粗。具有甜味纯净、富有光泽等特征，可突出材料本身的味道和色泽，非常适合用于果酱的制作。

细砂糖 也称为精白糖，用途最为广泛。属于颗粒小、纯度高的砂糖，最适合替代粗砂糖，且不带余味，用于料理时，可保持材料原有的色泽和味道。

红糖 榨出来的甘蔗汁未经精加工结晶而成，带有深厚的甘蔗风味。红糖的颜色越深，味道越浓。主要用于制作八宝饭或蜜饯、羊羹、果酱等。红糖因颜色会影响视觉效果，适用于深色的果酱。

蜂蜜 含有水分和矿物质、蛋白质、维生素等成分。在制作保健果酱时，可替代砂糖。不过，由于蜂蜜的糖度高于砂糖，自带独特的气味，如果要突出主材料的味和香，建议不要使用蜂蜜。在70℃以上高温使用时，蜂蜜的营养成分会被破坏，在不熄火的状态下，蜂蜜需要最后加入。

枫糖浆 由枫树分泌的树液浓缩而成，富含钙、镁和磷等。具有延缓癌细胞的生长和减弱糖尿病的危害的功效。热量比砂糖低，如果担心果酱的高热量，可用枫糖浆替代砂糖。枫糖浆自身独特的香气，在制造丰富的口感的同时，也受限于要求口感纯正的食品。

炼乳 需要香甜牛奶香或者烘焙、制作冰淇淋或沙拉调味料时均可使用炼乳。制作果酱时使用炼乳，不仅能加强甜味，还能加深柔滑度。

果胶、酸味剂

水果所含果胶中的碳水化合物成分与糖、酸相结合，产生了果酱的黏稠度。有些果胶含量较少的材料，可添加市场上销售的果胶粉或食醋、柠檬汁、酸橙汁制作果酱。

果胶

不同种类的水果所含果胶量不同，果皮中的果胶含量比果肉多。不够熟或过熟的水果，果胶含量都较少。如果使用不含果胶的材料制作果酱，可同时搭配果胶含量丰富的苹果、橙子、柠檬、草莓等水果，或者使用粉末状的市售果胶。

食醋

利用大米或麦类谷物或用水果发酵而成的酿造食醋当中，谷物制成的食醋刺鼻味较少，香气较柔和，最适合制作果酱。苹果醋或柿醋等水果制作的食醋，具有幽幽的水果香和清新的酸味，可根据个人喜好选用。不过，食醋特有的香气会影响果酱整体的风味，因此在用量上需谨慎。

柠檬汁

制作果酱时，可加入柠檬汁或柠檬皮，会散发芳香清新的味道。柠檬汁不但能除去材料的杂味，提高果酱的新鲜度，而且能让色泽更加鲜艳。柠檬果肉可以榨汁，柠檬皮可以刨成末使用，其特有的略苦涩且清香的味道会丰富果酱的风味。

酸橙汁

要想加深异国风味，不妨使用酸橙汁。酸橙相比柠檬，酸度较弱，甜度较高，又是另一种风味。如果碍于现榨酸橙汁的烦琐工序，可购入市场上销售的酸橙汁使用。

保存诀窍

由于手工果酱不含防腐剂，即使冷藏保存也易变味。尽量一次制作少量，趁热装入密封容器中，盖紧盖子后放冷藏室储藏。一旦开盖，保质期限就会缩短，最好用小容量瓶保存。

挑选密封严实的玻璃容器

密封严实、耐热的玻璃容器是保存果酱最优质的容器。双螺旋盖的玻璃瓶最为适用。市场上最容易购得的螺旋盖式玻璃瓶也不错。带密封垫的卡口式玻璃瓶耐酸、宽口、尺寸多样，非常适合保存果酱。在重复使用玻璃瓶时，要检查盖子的密封垫部分是否磨损。

容器需消毒

盛装果酱的容器，需放入沸水中进行消毒。在锅中放入冷水，加入洗净的容器。煮沸时滚动容器，以便沸水对容器全面消毒。消毒结束后，倒置于干净的布面上令其干燥。彻底干燥之后盛装果酱。还有一种办法是，将洗净、带水分的瓶身和盖子分开放进微波炉里加热1分钟。

趁热装入容器中

做出来的果酱趁热直接装入容器中，迅速盖紧盖子。将容器倒置于室温下放凉。这个做法可排掉容器内的空气，提高密封度，也可防止盖子缝隙渗入空气。

带容器一起煮

将果酱装入容器之后，盖子松松地盖上或者不盖盖子放进锅中，锅中加入半锅温水，用小火加热20~30分钟。从锅中取出瓶子，盖紧盖子之后倒置于干净的布面上放凉。这时容器内的空气会排出，产生真空状态，可持久保存果酱。

用小瓶分装

冷藏保存的果酱根据不同材料，可保质6个月左右，然而一旦开封，保质期会缩短至2周以内。因此，用小瓶分装，食用完一瓶之后再开另一瓶，可长时间享用美味。

成就美味的小窍门

制作果酱时，分量越少，做出来的成品越美味。如果用大锅一次制作大量，会因搅动不匀而导致果酱焦锅或不够入味。下面介绍的内容为制作过程中出现的果酱焦锅、过稀或过稠等各种问题的解决窍门。

砂糖的用量

基本上，砂糖的用量根据果肉的分量进行调节。也可根据果肉本身的甜度增减砂糖用量。如果砂糖量过少，会降低保质期限，因此必须加入适量的砂糖。

果酱焦锅时

立刻熄火，只取出好的那部分。要注意，哪怕掺入一点点焦锅部分的果酱，也会使果酱整体有焦煳味。

果酱发硬时

锅中加入水和柠檬汁加热，再加入发硬的果酱，用小火一边加热一边调节黏稠度。这时要注意，不可加热过久。如果果酱过硬，无法轻松涂抹至面包或薄脆饼干上面，可用微波炉加热一下再涂抹。

果酱过稀时

延长熬制时间，一边搅动一边检查黏稠度。切记，不能因为一时心急而用大火或中火加热，那样会导致果酱焦锅。

果酱过甜时

在熬制果酱的过程中，如果甜味过度，可加入适量的柠檬汁，用柠檬的香气和酸味中和过度的甜味。如果这个办法没有效果，不要单独食用此果酱，建议将此果酱用于烘焙，或者与不够甜的果酱混合食用。

趣味混合果酱

两种以上的果酱混装起来，养眼又开胃，是一举两得的快乐组合。混合果酱从颜色到味道，都是别样的尝试。小量混合各种果酱，边尝味边调制出唯我独有的个性派果酱吧。

木莓果酱+蓝莓果酱

酸酸的木莓和甜甜的蓝莓，是绝妙的组合。这两种果酱里还可以加入其他浆果或草莓果酱，味道也不错。

桃子果酱+菠萝果酱

芳香的桃子和甜蜜的菠萝的搭配加深了果酱的风味。与柔滑芳香的奶酪相搭配，一起放在薄脆饼干上面做成卡纳佩，是最好的红酒伴侣了。

南瓜酱+橙子西柚果酱

具有独特肉桂香气的南瓜酱和酸酸的橙子西柚果酱混搭调制，又是另一种风味。另外，两种果酱的橙色具有引发食欲的效果。

花生酱+加央酱

芳香而甘甜的花生酱和加央酱混合在一起，口感更加柔滑，风味更加醇厚。可涂在软饼干、烤吐司片、薄脆饼干上面食用。

红薯酱+红茶牛奶酱

香甜的红薯酱和芳香的红茶牛奶酱非常搭配。加入南瓜酱一起混合食用，倍增甜而柔的口感。

彩色食物

彩色食物对于合理的饮食和健康生活，是非常有帮助的。水果和蔬菜中含有的叫Phytochemical的植物化学因子，决定了水果和蔬菜的颜色和营养素，使水果和蔬菜含有丰富的维生素和无机质，具有抗癌、抗氧化、抗炎等效果。另外它还具有降低血液中胆固醇的功效。

抗氧化、抗癌以及强健血管

红色食物

红色的食材具有很多提高心脏元气的成分，含有丰富的番茄红素。番茄红素具有卓越的抗癌、抗氧化作用，可强健血管，有保健前列腺的功效。在降低动脉硬化和防癌方面也有显著的疗效，在祛除毒素的同时，可提高免疫力。代表食物有西红柿、红色柿子椒、苹果、西瓜、李子、樱桃、石榴等。

含番茄红素丰富的西红柿，在预防心血管疾病和防癌方面具有显著的效果。它能助消化并生津止渴。特别是高血压人群，早晨食用西红柿，可帮助血液循环。李子含有比其他水果多的多酚，可延缓衰老，含有丰富的有机酸，可解除疲劳，并有效预防失眠。草莓和樱桃等水果，可排出积累在体内的有害酸素和毒素，具有美容养颜的作用。

LUDWIGS — LÖWENHOF
AE DOLGESHEIM

预防疲劳和强化血管壁

橙色食物 & 黄色食物

橙色食物含有α-胡萝卜素、胡萝卜素等提高食欲的成分，这些成分也有利于消化，可去除体内不必要的活性氧，防止皮肤和身体的老化，并富含维生素C，具有增强免疫力的作用。另外，橙色食物可以保护视网膜，有非常好的抗疲劳作用。代表食物有胡萝卜、橙色柿子椒、橘子、橙子、芒果等。

橙子中的橙皮素与维生素C相结合，具有强效的抗癌作用，也能降低体内的胆固醇，有效预防血管疾病。富含丰富的胡萝卜素的胡萝卜，不仅能给眼部、肝脏提供营养，还具有促进皮肤发育和保护皮肤、抗癌等功效。

黄色蔬菜和水果富含的胡萝卜素和叶黄素，在提高免疫力方面，效果最显著。除此之外，它们还可加强毛细血管壁的功能，促进血液循环，具有暖身的作用。另外，它们可促进胆汁分泌，降低胆固醇，促进血液中红细胞和血小板的生成。代表食物有南瓜、红薯、柠檬、香瓜、菠萝等。

呈黄色的芒果，含有守护眼部健康的玉米黄质，对眼睛易疲劳或易充血的症状具有良好的改善作用。使红薯呈现黄色的胡萝卜素，有阻止癌细胞繁殖的作用。红薯颜色越黄，表明胡萝卜素越丰富。也就是说，比起普通的红薯，黄芯的红薯中的胡萝卜素更加丰富。

降低胆固醇以及改善视力

紫色食物 & 黑色食物

紫色食物含有大量的花青素，具有卓越的抗氧化作用。另外，紫色食物可降低胆固醇，减少心脏疾病和脑血栓的发生，并具有改善血液循环的作用。与橙色食物相反，紫色食物具有减弱食欲的作用，对减肥有帮助。代表食物有葡萄和蓝莓、西莓、红豆等。

众所周知，葡萄对预防心脏病有辅助作用。尤其是葡萄皮中所含的生物类黄酮，可防止因摄取动物性脂肪所增加的体内垃圾附着到血管壁上，同时增加好胆固醇。蓝莓富含各种营养素，对眼睛健康有帮助，可去除活性氧防止老化，对减肥和预防成人病也有疗效。

黑色食物具有卓越的抗氧化、抗癌、抗炎效果，可帮助提高肾脏和生殖器机能，其所含的花青素成分对改善视力也有疗效。黑色食物对脱发和预防骨质疏松也有很好的效果。代表食物有黑芝麻和咖啡、巧克力等。

黑芝麻中所含的卵磷脂，可促进头脑发育。黑芝麻对头发养护和皮肤美容也有效果，可强壮骨骼，对成长期孩子或成人、老人等都是优秀的食品。黑巧克力中防止皮肤老化的抗氧化多酚含量是葡萄的2倍，绿茶的3倍。黑巧克力可强健心脏，降低胆固醇，降低血压，促进羟色胺的分泌，具有使人心情愉快的作用。

健脾，排毒

绿色食物

绿色食物中富含叶绿素。叶绿素有助于新陈代谢，可缓解疲劳，帮助细胞再生并延缓老化。绿色食物给身体提供镁，帮助抑制引发胃炎的幽门螺旋杆菌的生长。绿色食物中的叶绿素成分，有助于体内重金属等有害物质的排出。代表食物有猕猴桃和青葡萄、梅子、牛油果、酸橙等。

猕猴桃除了富含抗氧化物质之外，还有丰富的果胶和纤维质，可降低胆固醇。它含有的超出苹果3倍、橙子2倍的谷胱甘肽，能帮助预防皮肤癌和前列腺炎的发生。梅子能促进胃液的分泌，帮助消化，预防便秘。除此之外，梅子又是水中的毒素、血液中的毒素、食物中的毒素的天然解毒剂，可减轻肝脏的负担，具有卓越的缓解疲劳和预防老化的作用。

提升抗病毒能力

白色食物

白色食物是提高病毒抵抗力的代表食品。呈白色的食品，大多具有独特的香气或带辣味，可帮助排出体内的有害物质，提高抗病毒能力，对感冒及呼吸系统疾病也有显著的疗效。另外，蒜或洋葱所含的蒜素，具有卓越的杀菌、抗菌效果。代表食物有蒜和洋葱、梨、香蕉等。

洋葱可增强抗病毒能力，帮助降低血液中的胆固醇，预防癌症或成人病、心血管系统疾病的发生。蒜富含蒜素，可预防细菌感染，有助于提高免疫力。另外 ，蒜可去除血管中的各种有害残留物和降低胆固醇，有净化血液、促进血液循环、预防血管系统疾病等功效。

创意包装

用精心挑选的优良材料制成的果酱，是非常好的馈赠佳肴。利用纸张或布料、标签纸进行精美的包装，能进一步提升礼物的价值。网纱袋或绸带、包装盒等可在市场购入。

绳子或绸带类　从素朴的纸绳到五颜六色的彩线、带状的蕾丝绳等，包装带的品种各式各样。用绳类固定纸或布料，装入果酱的瓶子用漂亮的绳子多次缠绕，效果都很时尚。

包装盒　是半组装形态的盒子。除了用牛皮纸或厚的彩纸制成的纸盒之外，还有半透明塑料盒等不同的种类。如果自认为手艺不够，可用它们解决。

贴纸和标签　各种造型或花样的贴纸和标签，是演绎高贵氛围最好的选择。如果喜欢田园风格，可选择带手写体印刷装饰的贴纸，或者在无字标签上亲自手写。

纸或针织物　用来包装果酱盖子。五彩缤纷的花样，讨人喜欢的细格子或花纹和恬静田园风等各种主题的花样和颜色，上演着各式包装风格。

用绸带装饰网纱袋

颜色漂亮的果酱，最好用通透或透明的包装材料包装。在表面贴标签或贴纸装饰后，瓶子装入网纱袋里，用绸带或彩绳束口进行装饰。挑选搭配果酱颜色的绸带或彩绳，将袋口上部展开，形成自然的扇状就会很漂亮。

盖子用包装纸和蝴蝶结装饰

色彩艳丽的果酱，单只瓶身的色彩就是一道风景线。瓶身保持原样，只用包装纸装饰盖子即可。利用花纹漂亮的包装纸，剪出比盖子直径大1.5~2厘米的圆片，包好盖子之后用绸带捆扎。用包装纸包裹盖子时，需折出均等的距离，这样显得干净利落。除了包装纸，也可以用针织物进行包装，效果同样出色。

用标签演绎田园风

使用标签可营造自然的田园氛围。在果酱瓶身上贴好标签，上面亲手写上果酱的名称，也可用纸绳固定。如果购买过市场上销售的果酱，收集这些果酱瓶的漂亮标签，方便以后利用。

包装盒的利用

利用透明塑料盒或纸盒都是不错的办法。果酱瓶用贴纸或绸带、标签等装扮漂亮，放入盒子里。在盒子上面贴贴纸或者用蕾丝带装饰，将平淡无奇的盒子装饰出无限的活力。

定价：68.00 元

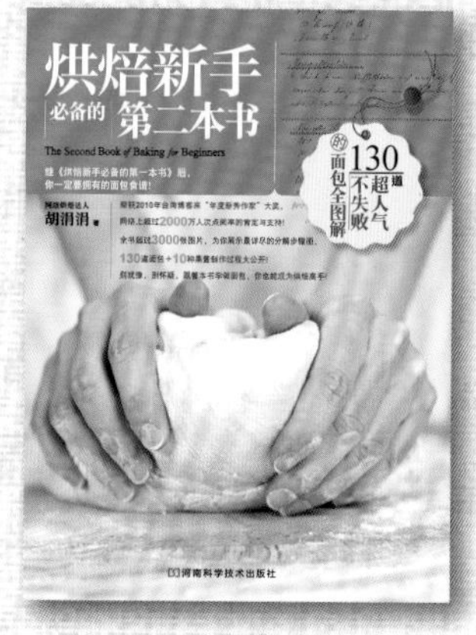

定价：78.00 元

定价：79.80 元

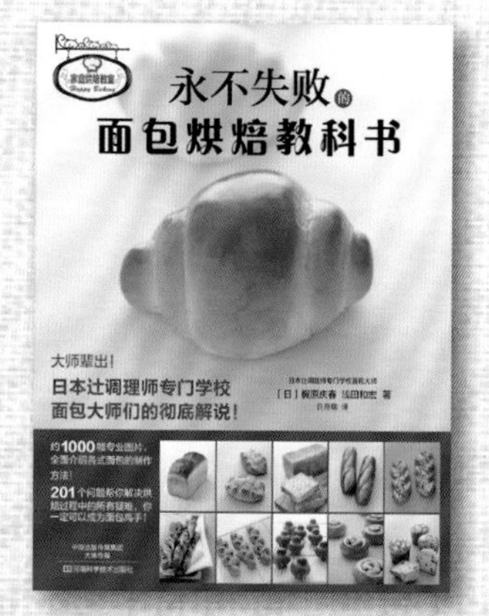

定价：59.00 元

定价：59.00 元

定价：78.00 元

定价：36.00 元

定价：36.00 元

定价：49.00 元

定价：49.00 元

定价：46.00 元

定价：46.00 元

定价：68.00 元

定价：68.00 元

定价：39.80 元

定价：66.00 元

定价：66.00 元

著作权合同登记号：图字16—2014—241

图书在版编目（CIP）数据

自己动手做纯天然美味果酱 / (韩) 金壽京著; 李花子译. —郑州 : 河南科学技术出版社, 2015.6（2016.7重印）
ISBN 978-7-5349-7758-9

Ⅰ. ① 自… Ⅱ. ① 金… ② 李… Ⅲ. ① 果酱－制作 Ⅳ. ① TS255.43

中国版本图书馆CIP数据核字（2015）第074316号

出版发行：河南科学技术出版社
地址：郑州市经五路66号　　邮编：450002
电话：（0371）65737028　　65788613
网址：www.hnstp.cn
策划编辑：刘　欣
责任编辑：梁　娟
责任校对：张燕军
封面设计：张　伟
责任印制：张艳芳
印　　刷：北京盛通印刷股份有限公司
经　　销：全国新华书店
幅面尺寸：190 mm × 205 mm　　印张：10.5　　字数：150千字
版　　次：2015年6月第1版　　2016年7月第2次印刷
定　　价：36.00元

如发现印、装质量问题，影响阅读，请与出版社联系并调换。